教育部职业教育与成人教育司推荐教材
职业院校模具设计与制造专业教学用书

塑料成型工艺与模具结构

（第 2 版）

主　编　邓万国

副主编　王智峰

参　编　汪立胜　张志伟

主　审　宋小春　韩森和

U0256566

电子工业出版社.

Publishing House of Electronics Industry

北京·BEIJING

内 容 简 介

本书为教育部职业教育与成人教育司推荐教材，内容包括塑料概述、塑料的模塑（注射模塑、压缩模塑、压注模塑）工艺、塑料制品的工艺性、塑料模的分类和注射模及压缩模等模具的结构，可作为中等职业学校模塑工艺与模具结构专业教学用书。第2版的修订中，主要增加了第4章的3个实用模块，并增加了第6章有关模具 CAD/CAE/CAM 的简介等内容。增加的模块中，主要有带自动脱螺纹的模具结构、热板式热流道的模具结构和模具的制造工艺等内容。

本书还配有电子教学参考资料包（包括教学指南、电子教案、习题答案），详见前言。

未经许可，不得以任何方式复制或抄袭本书之部分或全部内容。

版权所有，侵权必究。

图书在版编目（CIP）数据

塑料成型工艺与模具结构 / 邓万国主编. —2 版. —北京：电子工业出版社，2012.6
教育部职业教育与成人教育司推荐教材. 职业院校模具设计与制造专业教学用书
ISBN 978-7-121-17345-5

Ⅰ. ①塑… Ⅱ. ①邓… Ⅲ. ①塑料成型—生产工艺—中等专业学校—教材②塑料模具—结构—中等专业学校—教材 Ⅳ. ①TQ320.66

中国版本图书馆 CIP 数据核字（2012）第 125165 号

策划编辑：张 凌
责任编辑：张 凌 特约编辑：王 燕
印　　刷：北京虎彩文化传播有限公司
装　　订：北京虎彩文化传播有限公司
出版发行：电子工业出版社
　　　　　北京市海淀区万寿路 173 信箱　邮编　100036
开　　本：787×1 092　1/16　印张：12　字数：307.2 千字
版　　次：2006 年 6 月第 1 版
　　　　　2012 年 6 月第 2 版
印　　次：2023 年 1 月第 14 次印刷
定　　价：25.00 元

凡所购买电子工业出版社图书有缺损问题，请向购买书店调换。若书店售缺，请与本社发行部联系，联系及邮购电话：（010）88254888，88258888。

质量投诉请发邮件至 zlts@phei.com.cn，盗版侵权举报请发邮件至 dbqq@phei.com.cn。

本书咨询联系方式：（010）88254583，zling@phei.com.cn。

再版前言

本书是为中等职业学校、技工学校、高级技工学校和技师学院模具制造技术、模具设计与制造专业、塑料成型加工专业的学生及生产一线从事塑料模具设计、塑料制品结构设计和塑料模具制造的技术人员所编写的一本实用性的教材。其主要特色为：

1．合理地编排教材内容

本书在内容上进行了合理的安排，从塑料的性能、塑料的成型工艺、塑料制品的结构工艺性及模具结构等方面，系统地阐述了塑料的成型工艺过程和塑料模具的具体结构等相关知识，内容由浅入深，循序渐进。

2．采用案例教学方法

本书在编写的形式上与传统的教材有所不同，尤其是关于塑料模具结构章节，以案例的形式，选择了实际生产中已使用的具有典型结构的塑料模具类型，详细地解读了塑料模具的具体结构和工作原理，并从模具的开模状态、成型零件的结构特点、浇注系统、排气系统、冷却系统和脱模机构等方面进行了详细的说明。同时还对标准模架的结构及常用的标准件作了相应的阐述。这种案例教学的编写形式，使学习者可从模具的整体结构入手，由浅入深地了解模具的具体结构及其对塑料成型工艺的影响，全面、系统地掌握模塑成型工艺与模具结构的相关知识，培养分析问题和解决问题的能力。

3．文字精炼，图文并茂

本书对各个章节的内容采用了文字描绘与图形表达相结合的方式。其文字讲解是针对具体的图形来进行阐述的，达到了文字精炼、图文并茂的良好效果。

本书由广东省技师学院邓万国老师担任主编，并编写了第4、5章及统稿，广东省惠州工业科技学校王智峰老师任副主编并编写第1、2章，广东省技师学院汪立胜老师编写了第3章，第2版的修订中，在保持原来风格的基础上，除更改了一些错误外，主要增加了第4章的3个实用案例模块，并增加了第6章有关模具CAD/CAE/CAM的简介内容。

在增加的实用案例模块中，主要有带自动脱螺纹的模具结构、热板式热流道的模具结构，使教材所选用的模具类型更加完整。尤其是这两种类型的塑料模具，在结构上比较复杂，在企业中又比较实用，是学生不得不需要了解的内容。此外，还增加了一副有关制造工艺内容的模具，该模块对模具的各主要零件的结构和制造工艺过程作了比较详细的描述，这对从事模具制造专业的学生来说，在了解模具结构的同时，又能了解模具制造的相关工艺内容，是非常必要也是非常重要的。

此次修订的主要内容，由邓万国老师编写完成。在编写过程中，得到了广东省技师学院和广东省惠州工业科技学校领导的大力支持。在此表示衷心的感谢。

本书经华南理工大学宋小春和武汉职业技术学院韩森和教授主审，经教育部审批，列为教育部职业教育与成人教育司推荐教材。

由于编者水平所限，书中难免存在错误和不妥之处，敬请使用本教材的读者给予批评指正。

为了方便教学，本书配有教学指南、电子教案及习题答案（电子版），请有此需要的教师登录华信教育资源网（http://www.hxedu.com.cn）下载或与电子工业出版社联系，我们将免费提供，E-mail:hxedu@phei.com.cn。

编　者
2012 年 4 月

目　　录

第 1 章

塑 料 概 述

1.1 塑料的组成及分类

塑料一般由树脂和添加剂组成，树脂在塑料中起决定性作用。添加剂对塑料也有非常重要的影响。有些塑料（如聚四氟乙烯）在树脂中不加任何添加剂，树脂就是塑料。但大多数塑料若不加添加剂，就没有实用价值。例如，酚醛塑料必须加填充剂，聚氯乙烯必须加稳定剂，硝化纤维素必须加增塑剂等。所以，我们可以根据塑料的不同用途和不同的性能要求，适当地在树脂中加入一定量的添加剂，来获取某种性能的塑料。

1.1.1 塑料的主要成分

1. 树脂

树脂属于高分子化合物，称为高聚物，是塑料中主要的、必不可少的成分。它决定塑料的类型，影响塑料的基本性能。简单组分的塑料中树脂含量高达 90%～100%，复杂组分的塑料中树脂含量也在 40%～60%。

树脂可分为天然树脂和合成树脂两种。天然树脂有的是从树木中分泌出来的，如松香；有的是昆虫的分泌物，如虫胶。合成树脂是用人工合成的方法按天然树脂的分子结构制成的树脂，例如，环氧树脂、聚乙烯、酚醛树脂、氨基树脂等。天然树脂产量有限，性能较差，远远不能满足工业生产的需要，因此在生产中，一般采用合成树脂。

2. 添加剂

（1）填充剂。填充剂又称填料，是塑料中重要的组成成分，但并非在每一种塑料中都是必不可少的。填充剂可分为有机填充剂和无机填充剂。填充剂在塑料中的作用有两种：一种是为了减少树脂的含量，降低塑料成本，起增量的作用，在塑料中加入一些廉价的填充剂；另一种是既起增量的作用——降低塑料成本，又能改善塑料性能——扩大塑料的应用范围。例如，在聚乙烯、聚氯乙烯中加入碳酸钙填充剂，使其成型为具有足够的刚性和耐热性的钙塑料。再如，加入玻璃纤维，能使塑料的力学性能大幅度提高；加入石棉可以提高耐热性等。

填充剂的形状有粉状、纤维状和层（片）状。粉状填充剂有木粉、纸浆、大理石粉、滑石粉、云母粉、石棉粉、石墨等；纤维状填充剂有棉花、亚麻玻璃纤维、金属丝等；层（片）状填充剂有纸张、棉布、麻布、玻璃布等。

（2）增塑剂。对于一些可塑性小、柔软性差的树脂，加入增塑剂可以使塑料的塑性、流动性和柔韧性得到改善，并可降低刚性和脆性。增塑剂一般为高沸点液态和低熔点固态的有机化合物，要求与树脂相容性好、不易挥发、化学稳定性好、耐热、无色、无臭、无毒、价廉。常用的增塑剂有樟脑、邻苯二甲酸二丁酯、邻苯二甲酸二辛酯、癸二酸二丁酯等。

（3）着色剂。着色剂主要是使塑料具有不同的颜色，起装饰美观作用，有的着色剂还能提高塑料的光稳定性、热稳定性和耐候性。着色剂包括颜料和染料。颜料又分为无机颜料和有机颜料。无机颜料是不溶性的固态有色物质，它在塑料中分散成微粒而着色，例如，钛白粉、铬粉、镉红、群青等。其着色彩能力、透明性和鲜艳性较差，但耐光性、耐热性和化学稳定性较好。染料可溶于树脂中，有强烈的着色能力，且色泽鲜艳，但耐光性、耐热性和化学稳定性较差，如分散红、土林黄、土林蓝等。有机颜料的特性介于染料与无机颜料之间，如联苯胺黄、酞青蓝等。

 提示

在塑料中加入珠光色料、磷光色料和荧光色料，还可使塑料具有特殊的光学性能。

（4）润滑剂。润滑剂的作用是防止塑料在成型过程中粘在模具上（简称粘模），同时还能改善塑料的流动性并提高塑件表面光泽度。常用的热塑性塑料中一般都要加入润滑剂，常用润滑剂有硬脂酸、石蜡和金属皂类（硬脂酸钙、硬脂酸锌）等。

（5）稳定剂。高分子化合物，在热、力、氧、水、光、射线等作用下，大分子链或化学结构发生分解变化的反应，称为降解。为了防止或抑制降解，需在树脂中加入稳定剂。稳定剂可分为热稳定剂、光稳定剂、抗氧化剂。

① 热稳定剂：抑制和防止树脂在加工或使用过程中受热而降解。例如，聚氯乙烯，其成型温度高于降解温度或当加工温度大于 100℃时，高分子开始产生分解，放出氯化氢，颜色开始变成黄色、棕色至黑色，性能变脆，产品没有使用价值。加入热稳定剂后，可防止上述现象的发生，保证塑料顺利成型并延长其使用寿命。常用的热稳定剂是三盐基性硫酸铝、硬脂酸钡等。

② 光稳定剂：阻止树脂由于受到光的作用而引起的降解，从而使塑料变色，力学性能下降。光稳定剂种类很多，有紫外线吸收剂、光屏蔽剂等，常用的有 2-羟基-4-甲氧基二苯甲酮紫外线吸收剂。

③ 抗氧化剂：防止树脂在加工、储存和使用过程中发生氧化，导致树脂降解而失去使用价值。常用的抗氧化剂是 2·6-二叔丁基。

塑料添加剂除了上述几种，还有阻燃剂、发泡剂、抗静电剂等。

1.1.2 塑料的几种物料形式

根据塑料成型需要，工业上常用于成型的塑料有粉料、粒料、溶液和分散体四种。无论哪一种物料，一般都或多或少地加入了各种添加剂，不是单纯的树脂。

1. 粉料和粒料

粉料的配制是将一定配比的树脂和添加剂粉碎，并在混合设备中按一定的工艺混合即可。粒料是将已混合好的粉料置于塑炼设备中，借助于加热和剪切应力作用使之熔融，驱出挥发物与杂质，进一步分散粉料中的不均匀成分，再通过粒化设备使之成为粒。粉料和粒料由于充分混合，有利于成型后得到性能一致的产品，同时有利于装卸、计量和成型操作，其中，粒料更有利于成型性能一致的产品，所以一般的成型工艺均采用粒料。

2．溶液

溶液是将树脂溶于脂类、醚类和醇类溶剂中，再加入一些增塑剂、稳定型、色料和稀释剂等。溶液的形成分为两种，一种是在合成树脂时特意制成，另一种是在使用时通过配制设备用一定的方法临时配制。用溶液制成的产品，其中并不含溶剂，溶剂在生产过程中已挥发掉了，构成塑料制品的主要成分是树脂和添加剂。溶剂只是为了加工需要而加入的一种助剂。溶液状的塑料主要是用于流涎法生产薄膜、胶片及浇铸制品时使用。

3．分散体

分散体是树脂与非水液体形成的悬浮体，统称为溶胶塑料或"糊"塑料。非水液体又称分散剂，包括增塑剂和挥发性溶剂两类。配制溶胶料的方法是将树脂、分散剂和其他添加剂一起加入球磨机中进行混合。分散体主要用于搪塑、滚塑及涂层制品（如人造革）等方面。

1.1.3　塑料分类

塑料品种很多，有上千种，其分类方法也很多，但主要有两种分类方法。

1．按树脂的分子结构及热性能分类

（1）热塑性塑料：此类塑料的分子呈线型或支链型结构。加热时软化并熔融，成为可流动的黏稠物体（熔体），成型为一定形状冷却后成为固体，并保持已成型的形状。如果再次加热，又可以软化并熔融，可再次成型，并可反复多次使用。在熔化、成型过程中只有物理变化而无化学变化。所以，热塑性塑料的边角料（水口料）及废品可以回收并掺入原料中再次使用。

（2）热固性塑料：此类塑料的分子最终呈体型结构。它在受热之初，分子呈线型结构，故具有可塑性和可熔性，可成型为一定形状，当继续加热时，线型分子间形成化学键结合（交联），分子间呈网状结构，当温度达到一定值后，交联反应进一步加快，形成体型结构，此时树脂既不熔融，也不溶解，形状固定后不再变化，又称固化。如果再加热，不再软化，也不再具有可塑性，在上述过程中既有物理变化，又有化学变化。此类塑料制品的边角料（水口料）和废品不能再回收利用。

2．按塑料的性能和用途分类

（1）通用塑料：此类塑料具有产量大、用途广、价格低的特点，主要有酚醛塑料、氨基塑料、聚氯乙烯、聚苯乙烯、聚乙烯和聚丙烯六大品种。

（2）工程塑料：指在工程技术中作为结构件的塑料。这类塑料的力学性能、耐磨性、耐腐蚀性、尺寸稳定性均较高，具有一定的金属特性，所以常代替金属制造一些零部件。此类塑料有聚酰胺、聚碳酸酯、聚甲醛、ABS 等。

（3）增强塑料：在塑料中加入玻璃纤维等填料作为增强材料进一步改善塑料的力学、电气性能，形成复合材料，通常称为增强塑料。增强塑料具有优良的力学性能，比强度和比刚度高。热固性的增强塑料俗称玻璃钢。

1.2 塑料的性能

塑料的性能包含使用性能和工艺性能，使用性能体现塑料的使用价值；工艺性能体现塑料的成型特性。

1.2.1 塑料的使用性能

塑料的使用性能包括物理性能、化学性能、力学性能、热性能、电性能等，这些性能都可以进行衡量和测定。

1. 物理性能

（1）密度：单位体积中塑料的质量（重量）。塑料的密度一般比金属的密度小，在 $0.83\sim2.20\text{g/cm}^3$ 之间。

（2）透湿性：塑料透过蒸气的性质，用透湿系数表示。在一定的湿度下，试样两侧在单位压力差情况下，单位时间内在单位面积上通过的蒸气量与试样厚度的乘积。

（3）透气性：塑料阻止空气穿过的性质，是衡量塑料制品密封能力的一个指标。

（4）吸水性：塑料吸收水分的性质，用吸水率表示。吸水率是指在一定温度下，将塑料放在水中浸泡一定时间后质量（重量）增加的百分率。

（5）透明性：塑料透过可见光的性质，用透光率表示。透光率是指透过塑料的光通量与其入射光通量的百分比的比值。

2. 塑料的化学性能

（1）耐化学腐蚀性：指塑料耐酸、碱、盐、溶剂和其他化学物质腐蚀的能力。

（2）耐候性：指塑料暴露在日光、冷热、风雨等气候条件下，保持其性能的能力。

（3）耐老化性：指塑料暴露于自然环境或人工条件下，随着时间的推移，不产生化学结构变化，并保持其性能的能力。

（4）光稳定性：指塑料在日光或紫外线照射下，抵抗褪色、变黑或降解的能力。

（5）抗霉性：指塑料对霉菌的抵抗能力。

3. 塑料的力学性能

塑料的力学性能主要包括抗拉强度、抗压强度、抗弯强度、断裂伸长率、冲击韧度、抗疲劳强度、耐蠕变性、硬度、摩擦系数及磨耗等。

磨耗是塑料试样与特定的砂纸摩擦一定时间后损失的体积，其他指标与金属的力学性能指标有相似的意义。

4. 塑料的热性能

塑料的热性能主要包括线膨胀系数、导热系数、玻璃化温度、耐热性、热变形温度、熔体指数、热稳定性、热分解温度、耐燃性等。

（1）玻璃化温度：塑料从黏流态或高弹态（橡胶态）向玻璃态（固态）转变（或反向转变）的温度。

（2）耐热性：塑料在外力作用下受热而不变形的性质，用热变形温度或马丁耐热温度衡量。

🐦 提示

测定热变形温度和马丁耐热温度的原理：将塑料试样置于等速升温的环境中，并在试样上施加一定的弯矩，测定其达到一定弯曲变形量时的温度。热变形温度适合测量常温下是硬质的塑料和板料的耐热性。马丁耐热温度适合测量耐热性小于60℃的塑料。

（3）熔体指数：热塑性塑料在一定的温度和压力下，其熔体在10min内通过标准毛细管的质量，以g/10min表示，是反映塑料在熔融状态下流动性的一个量值。

（4）热稳定性：塑料在加工或使用过程中受热而不分解变质的性质。

（5）热分解温度：塑料在受热时发生分解的温度，是衡量塑料热稳定性的一个指标。塑料加热时应控制在此温度以下。

（6）耐燃性：塑料接触火焰时抵制燃烧或离开火焰时阻碍继续燃烧的能力。

5. 塑料的电性能

塑料的电性能包括表面电阻率、体积电阻率、介电常数、介电强度、耐电弧性、介电损耗等，是衡量塑料在各种频率的电流作用下表现出来的性能。

1.2.2 塑料的工艺性能

1. 热固性塑料的工艺性能

（1）收缩性（缩水）：热固性塑料在高温下成型后冷却至室温，其尺寸会发生收缩的特性称为收缩性，用收缩率表示，其表达式为：$\delta =(L_m-L_1)/L_1\times100\%$。式中$\delta$为塑料的收缩率，$L_m$为模具在室温时的尺寸（mm），$L_1$为塑件产品在室温时的尺寸（mm）。

① 造成收缩的原因。

a．化学结构发生变化：热固性塑料在成型过程中，分子结构从线型过渡到体型结构后密度增大，必然导致体积减小，从而造成收缩。

b．热收缩：塑料的膨胀系数要比钢材大，其收缩也比钢材大，故塑料制品尺寸要比模具尺寸小。

c．弹性恢复：塑料在型腔中成型时有很大的压力，一旦开模后压力消失，塑料制品产生弹性恢复而胀大，可抵消一部分收缩。

d．塑性变形：当模具打开时，塑料受的压力降低，但模具仍紧压制品的四周，可使制品局部变形，造成局部收缩。

② 影响收缩，造成收缩率波动的原因。

a．塑料的种类：不同的塑料，由于其分子结构的差异，其收缩是不同的。同一种塑料，由于分子量和填料的品种含量的不同，收缩率也有差别。一般的树脂含量高，分子量大、填料为有机物时收缩较大。

b．塑料制品结构：同一种塑料，由于制品的形状、尺寸、壁厚、有无嵌件、嵌件多少、如何分布等因素也会造成收缩变化，使收缩率波动。一般制品越复杂、壁薄、嵌件多且均匀分布的收缩率较小。

c．成型工艺：预热情况、成型温度、模具温度、成型压力、保压时间、冷却速度等也会使收缩率产生波动。一般地，有预热、成型温度较低，压力较大，保压时间长的产品收缩率较小。

d．后收缩和后处理收缩：塑料件在成型时，由于受到成型压力和剪切应力作用，加上各向异性及成型工艺影响，使产品存在残余应力，脱模后使产品尺寸发生变化，称为后收缩。有时产品在成型后，需要进行热处理，也会使尺寸发生变化，引起收缩，称为后处理收缩。

e．其他原因：塑件的收缩具有方向性。塑料成型时其流动方向上收缩较大，垂直于流动方向上收缩较小。填料分布不均匀，也会造成收缩不均匀。

总之，引起收缩和造成收缩波动的原因很复杂，设计时必须全面考虑，从而获得合格的产品。

（2）流动性。塑料在一定温度与压力下，充满模具型腔的能力称为塑料的流动性。衡量塑料流动性的指标通常用拉西格流动性表示。测定拉西格流动性的标准压模，如图 1.1 所示。将待测塑料预压成圆锭置于压模上端的圆柱孔中，将其加热至一定温度，给顶部的活动柱塞一定压力，熔融的塑料会从下端的模孔中挤出。我们测量其挤出的长度即为拉西格流动值，单位是 mm。数值越大，流动性越好。

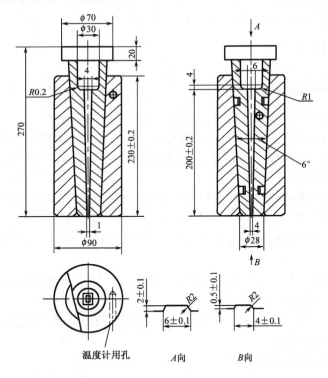

图 1.1　拉西格流动性测定用压模

① 影响塑料流动性的因素。

a．不同品种的塑料，其流动性不同。

b．同种塑料由于其分子量、填料的性质和含量、颗粒的形状与大小、含水量、增塑剂和润滑剂含量的不同，其流动性也不同。一般来说，树脂分子量小，填料呈球状，增塑剂含量高的塑料流动性大。同种塑料的流动性分成三等，即拉西格流动值为 100～130mm、131～150mm、151～180mm 三个等级。

　　c．塑料的流动性还与模具结构，表面粗糙度，预热成型工艺条件（温度，压力）等有关。

　　② 塑料流动性对塑料制品的质量、模具设计及成型工艺的影响。流动性过大，易造成溢料，制品内部产生疏松、粘模等问题，造成脱模和清理困难；但流动性太小，会造成充模困难，产生缺料等现象；所以应根据制品的结构、尺寸来选择适当流动性的塑料。模具设计时根据塑料的流动性来考虑分型面、浇注系统和进料方向。成型工艺的条件也对流动性产生影响，例如，提高成型温度和压力时，会使流动性增大。

　　③ 提高塑料流动性。在塑料中加入增塑剂和润滑剂，加大浇注系统的截面，提高表面粗糙度，减少转角，提高成型温度和压力等。

　　（3）比容和压缩率（压缩比）。比容是单位质量塑料所占的体积，单位是 cm^3/g。压缩率是成型前塑料原材料的体积与成型后制品的体积之比，其值恒大于 1。造成压缩率恒大于 1 的原因是因为塑料的原材料较松散，在压力作用下成型后体积减小所造成的。

　　比容和压缩率大的塑料，要求加料较大，内部充气也较多，成型时排气困难，成型周期长，生产率低；比容和压缩率小，对成型有利，但也会造成加料量不准确。

　　不同品种的塑料的比容和压缩率不同，同种的塑料也会因为塑料的形状、颗粒度及均匀性的不同，造成比容和压缩率的波动。

　　（4）水分和挥发物的含量。塑料中的水分和挥发物一方面来自塑料原材料生产过程中遗留下来，以及成型生产之前在运输、保管期间吸收空气中的水分；另一方面来自成型过程中塑料发生化学反应产生的副产品。

　　如果塑料中水分和挥发物含量过多又处理不及时，会造成塑料流动性增大，易产生溢料、成型周期长、收缩率大，产品易产生气泡、疏松、变形、翘曲、波纹等缺陷。有的挥发物还对模具有腐蚀作用，刺激人的感官。因此，在成型时应尽量消除其有害作用。例如，进行预热干燥、模具上开设排气槽排气、模具型腔表面镀铬防腐等。

　　（5）固化特性。热固性塑料在成型过程中树脂发生交联反应，分子结构由线型变为体型，塑料由既可熔化又可溶解变成既不可熔化又不可溶解的状态。这个过程称为固化（熟化）。

　　固化速度是指热固性塑料试样在固化过程中每硬化 1mm 厚度所需要的时间，单位为秒（s）。固化速度与塑料的品种、制品的形状、壁厚、是否有预热、成型温度、预压等因素有关。采用预压、预热、提高成型温度、延长加压时间都能加快固化速度。固化速度并不是越快越好，应与成型方法、制品大小及复杂程度相适应。一般地，要求其在塑化和充模时固化速度较慢，有利于充满型腔；而在充满型腔后则应加快固化速度，减少成型时间。形状复杂、尺寸较大的制品应降低固化速度，否则无法成型。

　　总之，如何通过控制成型工艺条件来控制固化速度是热固性塑料成型中的关键问题之一。

　　常用热固性塑料的使用性能、成型性能及用途见表 1.1。

表 1.1　常用热固性塑料的使用性能、成型性能及用途

塑料名称	使用性能	成型性能	用途
酚醛塑料	1. 质脆，表面硬度高，刚度大； 2. 尺寸稳定，耐热性好，250℃以上也不会软化变形； 3. 水润条件下具有很小的摩擦系数； 4. 有较强的黏结能力	1. 成型性能较好，适合压缩成型，也可注射成型； 2. 含水分和挥发物较多，使用时要预热干燥，注意排气； 3. 模温对流动性影响较大，一般超过 160℃时流动性迅速下降； 4. 收缩率较大，具有明显方向性； 5. 硬化速度慢，放出热量多，厚壁大型制品内部温度易过高，发生硬化不均匀及过热	1. 电器、无线电设备中的绝缘结构件； 2. 耐磨零件：凸轮、齿轮、轴承、滚轮、离合器摩擦片和制动哈夫等； 3. 层压和卷绕成板材、管材、棒材； 4. 可制成胶黏剂
氨基塑料	1. 优良的电绝缘性和耐电弧性； 2. 表面硬质高，耐磨性能好； 3. 着色性能好，外观颜色鲜艳； 4. 耐热性较好； 5. 有较强的黏结能力	1. 含水分和挥发物较多，易吸水而结块，使用时应进行预热干燥，开设排气系统； 2. 成型时会产生弱酸性分解物，模具表面应进行防腐处理（镀铬）； 3. 成型温度应严格控制，过热会发生分解； 4. 流动性好，硬化速度快，尺寸稳定性差； 5. 性脆，嵌件周围易产生应力集中	1. 电气绝缘件：杆头、杆座、开关等； 2. 机械零件：凸轮、齿轮零件、钟表零件、钟表外壳； 3. 日用品：碗、纽扣等； 4. 防爆电气设备配件及电动工具绝缘件； 5. 电子元件、照明零件、电话零件； 6. 木材料胶合剂：制造胶合板和层压塑料
环氧树脂（EP）	1. 长期存放不变质； 2. 黏结性能很高（万能胶）； 3. 化学稳定性好，介电性能好； 4. 耐热性较高（204℃）； 5. 尺寸稳定，力学强度高； 6. 质脆，耐冲击性较差	1. 收缩率小，流动性好，固化速度快； 2. 没有副产物放出，不需排气； 3. 可采用低压成型； 4. 不易脱模，应采用脱模剂； 5. 预热温度为 140～170℃，成型压力为 10～20MPa，保压时间为 30s/mm	1. 做黏合剂、浇铸塑料、层压塑料、涂料等； 2. 灌封与固定电子，电气元件及线圈； 3. 层压或卷绕成型各种制品：电绝缘件、氧气瓶、飞机、火箭上的某些零件； 4. 所有线路板； 5. 各种结构零件； 6. 防腐涂料

2．热塑性塑料的工艺性能

（1）收缩性。热塑性塑料的收缩性基本上与热固性塑料的收缩性相同。

（2）塑料状态与加工性。热塑性塑料在一定的压力下，随着温度的变化，呈现三种状态，其塑料状态与成型加工性的关系如图 1.2 所示。

① 玻璃态：玻璃态（结晶型树脂是结晶态）树脂是坚硬的固体，不易进行大变形量的加工，但可以进行车、铣、钻等切削加工。

② 高弹态：在 $T_g \sim T_f$（或 T_m）之间时，树脂是橡胶状态的弹性体，称为高弹态，可进行真空成型、压延成型、中空成型、冲压、锻造等。因为高弹态具有可逆性，为了得到所需形状和尺寸的塑料制品，必须把成型后的制品迅速冷却到 T_g 以下的温度，防止变形恢复。

③ 黏流态：在 T_f（或 T_m）$\sim T_d$ 之间时，树脂是黏性流体，通常把这种液体状态的聚合物称为熔体。在这种状态下成型后具有不可逆的性质，一经成型和冷却后，其形状永远保持下来，可进行注射、吹塑、挤出等成型加工。值得注意的是，在黏流态的温度范围内，温度过高，会使熔体黏度大大降低，流动性增加，导致溢料、扭曲等问题，如果温度达到 T_d 附近时，会使聚合物分解。因此 T_f（或 T_m）、T_d 是进行成型加工的重要参数。

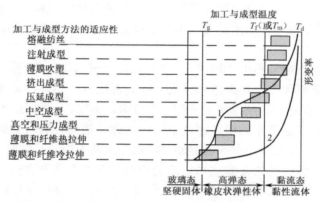

1—非结晶型树脂；2—结晶型树脂；T_g—玻璃化温度；T_f—非结晶型塑料黏流温度；T_m—结晶型塑料熔点；T_d—热分解温度

图 1.2 塑料状态与成型加工性的关系

（3）黏度和流动性。

① 黏度：塑料熔体内部抵抗流动的阻力。影响黏度的因素有两个方面。一方面，不同的塑料因其本身的树脂分子结构，塑料组成的不同而具有不同的黏度。另一方面，受到成型工艺中的温度、压力、剪切应力（或剪切速度）的影响。一般地，黏度随剪切应力（或剪切速度）的增加而降低，随温度升高而下降，随压力增高而增大。

② 流动性：热塑性塑料的流动性是指塑料在一定的温度和压力下充满型腔的能力，可以用熔体指数来衡量，其数值用熔体指数测定仪测定。即在一个筒内装入一定量的塑料并加热至规定的温度，在一定的压力下将熔融的塑料从固定直径的毛细管中压出，每 10min 所压出的塑料质量即为该塑料的熔体指数，单位为 g/10min。

③ 黏度与流动性的关系：黏度大，流动性差；黏度小，流动性好。

🐦 **提示**

我们常按流动性大小将塑料分为三类：

流动性好：聚酰胺、聚乙烯、聚苯乙烯、聚丙稀、醋酸纤维素等。

流动性中等：改性的聚苯乙烯、ABS、AS、聚甲基丙烯酸甲酯、聚甲醛、氯化聚醚等。

流动性差：聚碳酸酯、硬聚氯乙烯、聚苯醚、聚砜等。

（4）吸水性。吸水性表示塑料吸收水分的能力。一般分为两类：一类为具有吸水或黏附水分倾向的塑料，例如，聚甲基丙烯酸甲酯、聚酰胺、聚碳酸酯、聚砜、ABS 等。这类塑料必须在成型前进行干燥处理去除水分，否则水分在成型设备的高温料筒中变成气体并促使塑料发生水解，导致塑料起泡和流动性下降，严重影响制品质量。因此，必须严格控制塑料的含水量。一般不超过 0.4%，ABS 应不超过 0.2%。

（5）结晶性。结晶性是塑料在冷凝时是否具有结晶的特性。根据其特性，可将塑料分为结晶型和非结晶型两种：结晶型塑料有聚乙烯、聚丙烯、聚四氯乙烯、聚甲醛、聚酰胺等；非结晶型塑料有聚苯乙烯、聚甲基丙烯酸甲酯、ABS、聚砜等。

一般地，结晶型塑料是不透明或半透明的；非结晶型塑料是透明的，但也有例外，例如，ABS 是非结晶型塑料却不透明。结晶型塑料一般使用性能较好，但由于加热熔化需要吸收较多热量，冷却凝固时放出热量也多，因而必须注意成型设备的选用和冷却装置的设计；结晶型塑料收缩大，容易产生缩孔和气孔，并且各向异性明显，内应力大，制品容易产生变形和翘曲。同时结晶型塑料的结晶—熔化温度范围窄，易发生未熔塑料注入模具或堵塞浇口，应引起足够重视。

应当指出，结晶型塑料不可能形成完全的晶体，一般只有一定程度的结晶，其结晶程度随成型条件的变化而改变。如果熔体温度、模具温度高，熔体冷却速度慢，结晶度就越大；相反，则结晶度就越小。结晶度大的塑料密度大，强度、硬度高，刚度、耐磨性好，耐化学性和电性能好。结晶度小的塑料密度小，柔软性、透明性较好，伸长率和冲击韧性较好。因此，可以通过控制成型条件来控制塑料的结晶度从而控制其性能。

（6）热敏性。热敏性是指某些热稳定差的塑料，在温度高和受热时间长的情况下产生降解、分解、变色的特性。具有这种特性的塑料称为热敏性塑料，例如，硬聚氯乙烯、聚甲醛等。

热敏性塑料发生分解、降解，不但影响塑料性能，而且会产生一些有毒和腐蚀性气体（如 HCl 气体），对人体、模具造成损害。为了防止分解和降解，可在塑料中加入热稳定剂，正确控制模具温度和成型时间，对模具和设备采取防腐措施（如镀铬）等。

（7）应力开裂。有些塑料质地较脆，成型时又容易产生内应力，在外力作用下容易产生开裂。为防止开裂，可在塑料中加入增强材料加以改性。采用正确的成型工艺，对塑料制品进行后处理，合理设计制品的结构，在模具上采取措施等，来防止开裂。

（8）熔体破裂。塑料在恒温下通过喷嘴孔或浇口等狭小部位时，流速超过一定值后，挤出的熔体表面会发生明显的横向凹凸不平或外形畸变至使其肢离或断裂，这种现象称为熔体破裂。熔体破裂会影响制品的外观和性能。为防止熔体破裂可以增大喷嘴、浇口、流道的截面尺寸，减小压力和注射速度。

常用热塑性塑料的使用性能、成型性能及用途见表 1.2。

表 1.2　常用热塑性塑料的使用性能、成型性能及用途

塑料名称	使用性能	成型性能	用途
聚氯乙烯（PVC）	1. 强度较高，质硬； 2. 介电性能好； 3. 化学稳定性好，抗酸碱能力强； 4. 耐热性不高； 5. 原料来源丰富，价格低廉	1. 非结晶型塑料，吸水性小，极易分解； 2. 流动性差； 3. 成型温度范围小，应严格控制料温； 4. 模具浇注系统应粗短，浇口截面积要大，不要有死角； 5. 型腔表面粗糙度要小，应镀铬	1. 硬质：制造板（片）材，管材，棒材，泵中零件，各种管接头，三通阀泡沫塑料； 2. 软质：薄膜，塑料管，塑料带，手柄，绝缘垫圈，涂层制品，搪塑制品

塑料名称	使用性能	成型性能	用途
聚苯乙烯（PS）	1. 无色，透明，有光泽； 2. 化学性能稳定； 3. 有优良的电性能，是理想的高频绝缘材料； 4. 抗拉，抗弯强度较高； 5. 耐热性不高； 6. 质脆，耐冲击性较差； 7. 耐磨性较差； 8. 导热系数小	1. 非结晶型塑料，吸水小，不易分解，性脆易裂，热膨胀系数大，易产生内应力； 2. 流动性好，溢边值为 0.03mm； 3. 宜用高料温、高模温、低注射压力，延长注射时间有利于降低内应力，防止缩孔和变形； 4. 浇口与塑料制品连接处应圆滑过渡，拔模斜度应较大（2°以上），顶出应均匀； 5. 塑料制品壁厚应均匀，不宜有嵌件、缺口、尖角，各面应圆滑过渡	因其透明性很好，可制造仪器仪表外壳、指示灯罩、电气结构零件、高频插座、隔音和绝缘用泡沫塑料各种容器等
聚乙烯（PE）	1. 材料充足，产量占首位； 2. 理想的高频和超高频绝缘材料； 3. 耐热性不高，但耐寒性较好； 4. 化学稳定性好，可溶性差； 5. 耐水性好，易老化； 6. 强度，硬度较低	1. 结晶型塑料，吸水性小； 2. 流动性极好，溢边值为 0.02mm，对压力变化敏感； 3. 加热时间长易发生分解； 4. 冷却速度快，必须充分冷却，设计模具时要设冷料穴和冷却系统； 5. 收缩大、方向性明显，易变形、翘曲； 6. 结晶度及模具冷却条件对收缩率影响大，应严格控制模温； 7. 不宜采用直浇口注射，否则会增加内应力，使收缩不均匀和方向性明显，应注意浇口位置的开设	电气绝缘零件，电线、电缆的绝缘层、吹塑薄膜包装材料、管材、单丝绳、机械零件和日用品，防油防温的涂覆纸
聚丙烯（PP）	1. 材料充足，价格便宜； 2. 聚丙烯具有聚乙烯所有的优良性能； 3. 耐热性较好，可在100～120℃长期使用； 4. 耐寒流性较差，−35℃时会产生脆裂； 5. 抗拉强度、抗弯强度较好，刚度和伸长率好； 6. 耐磨性较差； 7. 易降解、老化	1. 结晶型塑料，吸水性小，易发生分解； 2. 流动性很好，溢边值为0.03mm； 3. 冷却速度快，浇注系统及冷却系统应缓慢散热； 4. 收缩率大，易发生缩孔，变形、方向性明显； 5. 应注意控制成型温度。料温低时有明显方向性。模温低于 50℃，制品不光泽，易产生熔接痕，模具温度高于 90℃，易发生翘曲、变形； 6. 制品壁厚要均匀，避免缺口和尖角	制成片材、板材、管材、绳、薄膜、瓶子、化工设备中的法兰、管接头、泵的叶轮、阀门配件，电气绝缘零件、日用品，合成纤维抽丝
聚酰胺（PA）	1. 抗拉强度、硬度、耐磨性和自润性很好，其耐磨性高于铜和铜合金； 2. 良好的耐冲击性和疲劳强度； 3. 不耐强酸和氧化剂； 4. 耐热性不高，使用温度小于 80℃	1. 结晶型塑料，吸水性大，易分解； 2. 流动性较好，溢边值为0.02mm； 3. 收缩率大，方向性明显，易产生缩孔和变形； 4. 严格控制模温，否则对结晶度和塑料制品性能有影响； 5. 采用各种浇口形式，浇口与塑料件连接处应圆滑过渡，流道和浇口截面尺寸应大一些； 6. 塑料壁不宜太厚，并应均匀	1. 减磨、耐磨零件及传动件，轴承、齿轮、凸轮、滑轮、衬套、铰链等； 2. 电器、仪表、电子设备的骨架、垫圈、支架、外壳等零件； 3. 阀座、密封圈、单丝、薄膜及日用品

塑料名称	使用性能	成型性能	用途
聚甲醛（POM）	1．结晶度很高，综合力学性能好。强度、硬度高，弹性模量大； 2．比刚度和比强度大； 3．良好冲击韧性和耐疲劳强度，良好的耐磨性和较小的摩擦系数； 4．耐热性较高，可达100℃左右； 5．热稳定性较差，加热时易分解； 6．易老化； 7．良好的耐溶剂性； 8．不耐强酸、强碱	1．结晶型塑料，吸水性小，极易分解； 2．流动性中等，溢边值为0.04mm。对注射压力变化十分敏感； 3．结晶时体积变化大，收缩率大； 4．模具应加热，模温较高，并注意严格控制模温以保证制品质量； 5．喷嘴应单独加热，并适当控制喷嘴温度； 6．浇注系统的阻力要小，浇口宜取大些，避免死角	1．良好的工程塑料。代替金属制造结构零件。在汽车、机械、精密仪器、电器、电子、日用品、建材方面应用广泛； 2．水管阀门、箱盖、齿轮、轴承、弹簧、凸轮、螺栓、螺母、泵体、壳体、叶片、凸轮盘等
聚碳酸酯（PC）	1．力学性能好，抗拉强度、抗弯强度较高，抗冲击和抗蠕变能力强； 2．制品尺寸稳定； 3．耐疲劳强度低，易产生应力开裂，易老化； 4．摩擦系数较大，耐磨性较差； 5．耐热性较好，可达130℃，并有良好的耐寒性； 6．化学稳定性较好； 7．透光率很高，介电性能好	1．非结晶型塑料，吸水性极小，不易分解； 2．流动性差，溢边值为0.06mm，对温度变化敏感； 3．收缩率小，产品精度高； 4．模具应加热，模温对产品质量影响大，应严格控制模温； 5．熔融温度高，黏度大，冷却速度快，模具浇注系统应以粗、短为原则，并开设冷料穴，可采用直浇口； 6．产品壁厚不宜太厚，应均匀，避免尖角、缺口	1．传动零件、齿条、齿轮、蜗轮蜗杆、凸轮、棘轮、轴、杠杆等； 2．低转速耐磨件、轴承、导轨； 3．电气绝缘件、插座、管座、电气结构件； 4．大型透光件：大型灯罩、门窗玻璃； 5．医疗器械
苯乙烯-丁二烯-丙烯腈共聚物（ABS）	1．较高的强度、硬度、耐热性和化学稳定性； 2．弹性较高，良好的冲击韧性； 3．优良的介电性能和成型加工性能； 4．良好的耐磨性； 5．尺寸稳定、表面光泽，可抛光和电镀； 6．综合性能优良	1．非结晶型塑料，吸水大，要充分干燥； 2．流动性中等，溢边值为0.04mm； 3．宜用高料温、高模温、高压力注射； 4．浇注系统阻力要小，注意浇口的位置与形式； 5．脱模斜度较大，取2℃以上； 6．收缩较小，比热容低，塑化效率高，凝固快，模塑周期短； 7．成型性能较好	良好的综合性能，在机械、电气、轻工、汽车、飞机、造船、日用品方面得到广泛应用。例如，电机外壳、电话机壳、仪器、仪表盘、管道、电视机、收音机、洗衣机、计算机外壳等
聚砜（PSF）	1．耐高温，可长期使用在温度高、变化范围大的地方，可达260℃； 2．力学性能好，并能在高温下保持其性能； 3．良好的抗蠕变性能； 4．化学性能稳定； 5．具有良好的电性能，并能在恶劣环境中保持其电性能	1．非结晶型塑料，吸水性大，必须干燥； 2．收缩率小，尺寸稳定； 3．熔融温度高，黏度大，流动性差； 4．对温度变化敏感，冷却速度快； 5．成型温度高，适合高压成型； 6．模具需加热，模温视壁厚而定； 7．浇注系统应短而粗，散热慢、阻力小； 8．宜采用直通式喷嘴； 9．易产生应力开裂	1．制造钟表、照相机等精密零件； 2．高温下使用的制品：热水阀、冷冻系统器具、电池组外壳、防毒面具。轴承、耐高温线圈骨架、开关等； 3．活塞环、轴承保持器等耐磨件； 4．温水泵泵体、微型电容器； 5．医疗用外科容器等

续表

塑料名称	使用性能	成型性能	用途
聚甲基丙烯酸甲酯（有机玻璃 PMMA）	1. 透明性很好、质轻、强度高； 2. 着色性能好，可染成各种鲜艳的颜色，可制成荧光塑料； 3. 使用温度较高，可在 60～100℃使用； 4. 冲击韧性好； 5. 化学稳定性良好； 6. 表面硬度不高，易被划伤； 7. 质脆，易开裂	1. 非结晶型塑料，吸水性小，不易分解； 2. 收缩率小，尺寸稳定性好； 3. 流动性能中等，溢边值为0.03mm； 4. 宜用高压注射，并采用高料温和高模温； 5. 浇注系统阻力要小，拔模斜度应大些； 6. 热稳定性较差，黏度大	1. 板材、管材、棒材； 2. 飞机、舰船、汽车玻璃窗； 3. 制造防振波动的仪表盘、仪表壳、油标、光学玻璃及纽扣等日用品
氟塑料（含氟塑料总称）	1. 具有优异的耐热及耐寒性；长期使用温度为-250～260℃； 2. 化学稳定性突出，可耐任何腐蚀性的溶液； 3. 摩擦系数非常小，并具有良好的自润性； 4. 优异的介电性能，高频绝缘性能优异； 5. 力学性能不高，刚度差	1. 结晶型塑料、吸水性小； 2. 热敏性塑料，极易分解，并产生有毒气体，应严格控制成型温度； 3. 流动性差，熔融温度高，成型温度范围小； 4. 模具要加热，宜高温、高压成型； 5. 模具要有足够的强度和刚度，应镀铬； 6. 浇注系统阻力要小	1. 科研、国防工业；三油封、轴承、活塞杆、电子设备的超高频绝缘材料，导弹点火线绝缘； 2. 化工设备的衬里、管道、阀门、泵体； 3. 医疗器械； 4. 防腐、介电、防潮、防火涂料

习题 1

1．填空题

（1）塑料一般由_____和_____组成。

（2）添加剂一般分为_____、_____、_____、_____、_____等几种。

（3）填充剂分为_____填充剂和_____填充剂。

（4）增塑剂的主要作用是使塑料的_____性、_____性和_____性得到改善，降低_____性和_____性。

（5）着色剂包括_____和_____。

（6）常用的润滑剂有_____、_____和_____。

（7）稳定剂可分为_____、_____和_____三种。

（8）塑料的物料形式一般有_____、_____和_____。

（9）塑料按分子结构及热性能可分为_____和_____两大类。

（10）塑料按性能和用途可分为_____、_____和_____三大类。

（11）通用塑料主要有_____、_____、_____、_____、_____、_____六大类。

（12）常用工程塑料有_____、_____、_____。

（13）玻璃钢是_____的俗称。

（14）熔体指数是衡量_____的一个重要指标。

（15）热分解温度是衡量_____的一个指标。

（16）塑料的流动性通常用_____表示。

（17）拉西格流动值的单位是＿＿＿，数值越＿＿＿，流动性越好。

（18）热塑性塑料加热时会呈现三种状态，即＿＿＿、＿＿＿、＿＿＿。

2．判断题

（1）填充剂是塑料中重要的、必不可少的组成成分。（　）

（2）稳定剂的作用是防止成型过程中产生粘模。（　）

（3）塑料比金属材料的强度和硬度要高得多。（　）

（4）热固性塑料可以回收利用。（　）

（5）ABS 是我们常用的塑料，所以是通用塑料。（　）

（6）玻璃钢硬度较高，常用于建筑业，所以是工程塑料。（　）

（7）酚醛塑料是用的最多的热固性塑料。（　）

（8）塑料的比强度和比刚度较高，所以塑料的抗拉强度和硬度要比钢材好得多。（　）

（9）塑料加热时如果温度超过玻璃化温度，将产生降解。（　）

（10）熔体指数值越高，其流动性越差。（　）

（11）马丁耐热温度一般适合测量耐热性较高的塑料。（　）

（12）热分解温度越高，其热稳定性越好。（　）

（13）任何塑料都具有收缩性。（　）

（14）每种塑料的流动性分为三个等级。（　）

（15）温度越高，塑料的黏度越低，流动性增加。（　）

（16）塑料具有吸水性，但对成型无任何影响。（　）

（17）结晶型塑料一般是透明的。（　）

（18）PVC 塑料是非热敏性塑料。（　）

（19）PE 塑料吸水性较大，需进行干燥处理。（　）

3．问答题

（1）塑料有哪些优良的特性？

（2）热塑性塑料和热固性塑料各有什么特点？

（3）塑料的化学性能主要有哪些？

（4）塑料的热性能主要有哪些？

（5）塑料的收缩性是由哪些因素造成的？

（6）影响塑料流动性的因素有哪些？

（7）流动性过大和过小会造成哪些影响？

（8）比容和压缩率较大的塑料会造成什么问题？

（9）热塑性塑料加热时的几个重要温度与塑料状态有什么关系？请详细说明。

（10）黏度与流动性有何关系？

（11）降低黏度有哪几个措施？

（12）流动性有好、中、差之分，常用塑料流动性好、中、差各有哪些？

（13）为什么要对具有吸水性的塑料进行干燥？

（14）结晶性塑料有何特点？哪些常用塑料是结晶型塑料？

（15）什么是热敏性？哪些塑料具有热敏性？

（16）什么是熔体破裂？如何防止熔体破裂？

第 **2** 章

塑料的模塑工艺

2.1 注射模塑工艺

2.1.1 注射模塑原理

注射模塑又称注射成型，是现代生产塑料制品的一种重要方法，几乎可以成型所有的热塑性塑料，并且也可成功地应用于某些热固性塑料的成型。注射模塑是通过注射机来实现的。注射机的基本作用有两个：一是将固态的塑料加热熔融，使其达到黏流状态；二是将黏流态的塑料以高压注入模具型腔。

为了适应塑料制品业的不断发展，注射机的类型也呈多元化的发展和改进，类型不断增多。这里只介绍应用最多的两类注射机的工作原理。

1. 柱塞式注射机

柱塞式注射机的工作原理如图 2.1 所示。

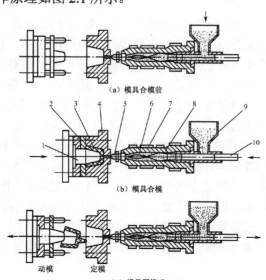

（a）模具合模前

（b）模具合模

（c）模具开模后

1—型芯；2—推件板；3—塑料件；4—凹模；5—喷嘴；6—分流梭；7—加热器；8—料筒；9—料斗；10—柱塞

图 2.1 柱塞式注射机的工作原理

图 2.1（a）所示的是模具合模前的状态。模具合模前，柱塞退回至料斗的进料口后面，料斗中塑料通过进料口进入料筒。

图 2.1（b）所示的是模具的合模状态。合模机构将定（前）模和动（后）模闭合，柱塞将落入料筒中，粒料或粉料向右推进到加热料筒中，同时料筒前部分已熔融成黏流态的塑料，在柱塞的高压、高速的推动下通过喷嘴和模具的浇注系统射入已闭合的模具型腔中。型腔中的塑料熔体在较大的压力下逐渐冷却固化，保持型腔所具有的形状。

图 2.1（c）所示的是模具开模后的状态。柱塞复位退回至料斗进料口之后，合模机构将模具打开，由推出机构的推件板将产品推出，完成一个成型周期。以后不断重复以上动作，周期性地进行注射成型。

2．螺杆式注射机

螺杆式注射机的工作原理如图 2.2 所示，当模具由合模机构打开，产品被推出时，螺杆在电动机和变速机构的带动下做旋转运动。料斗中的塑料粒料或粉料由进料口进入螺杆的槽中，并随着螺杆的旋转沿着槽的螺旋方向向前输送。在输送的过程中吸收料筒外部加热器放出的热量逐步升温，直至熔融成黏流态，逐渐在顶部聚集并产生一定的压力。当压力达到一定值时，将螺杆向后推，使旋转的螺杆退回，顶部的空间逐渐增大，熔体逐渐增多。当螺杆退回至顶位置（顶部已塑化好足够塑料）时，由控制系统将螺杆停止旋转和后退。整个过程称为预塑，如图 2.2（a）所示。预塑完成后，合模机构将模具闭合，注射液压缸活塞将停止旋转的螺杆按一定的压力和速度向前推进，将顶部已塑化好的熔体经喷嘴和模具浇注系统射入模具型腔，如图 2.2（b）所示，此时喷嘴仍与模具接触并保持一定的压力，防止塑料倒流（保压），并随时补充因塑料冷却收缩形成的空隙（补塑）。经过一段时间后，型腔中的熔体逐渐冷却固化，保持型腔的形状，如图 2.2（c）所示。接着喷嘴随注射机构一起退回，并由控制系统使螺杆旋转，由合模机构将模具打开，取出产品，完成一个成型周期。

3．两种注射机性能的比较

（1）柱塞式注射机。柱塞式注射机结构简单，制造费用较低，但由于塑料在料筒中的移动只靠柱塞推动，没有混合作用。筒内塑料在外层的温度较高，先熔融，而内层由于塑料导热性差尚未熔融。如果等到内层熔融，外层可能由于长时间高温而降解，所以造成塑化不均匀，制品内应力较大。另外，柱塞式注射机由于上述原因，料筒直径不会太大，塑化能力有限，因此注射量不大，一般只在 60g 以下；其压力损失也特别大，主要是消耗于压实固体塑料和克服塑料与料筒内壁的摩擦阻力，有效压力仅为油压缸的 30%～50%。

（2）螺杆式注射机。螺杆式注射机因其料筒中间是螺杆，塑料基本上在料筒的内壁处受热，加上螺杆的旋转，得到良好的混合和均匀的塑化。改善了模塑工艺，提高了制品的质量。料筒直径可适当提高，使料筒空间增大，提高了注射量，适用于热敏性塑料、流动性较差的塑料及大中型塑料制品。同时螺杆式注射机的生产周期短，生产效益高，容易实现生产自动化，但设备昂贵，模具较复杂。

螺杆式注射机克服了柱塞式注射机的缺点，具有较大的优势。目前，螺杆式注射机正逐渐取代柱塞式注射机。

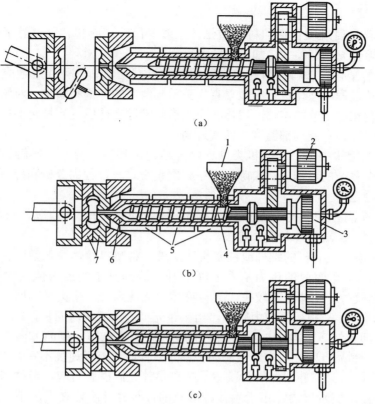

1—料斗；2—螺杆转动传动装置；3—注射液压缸；4—螺杆；5—加热器；6—喷嘴；7—模具

图 2.2　螺杆式注射机的工作原理

2.1.2　注射成型工艺过程

注射成型工艺过程包括成型前准备、注射过程、塑料制品后处理。

1. 成型前准备

（1）原材料的检验和预处理：对原材料外观和工艺性能进行检验，包括色泽、粒度、均匀性、流动性（熔体指数、黏度）、热稳定性、收缩率、水分含量等。对吸水性大的原材料要进行预热干燥、在原料中加入着色剂或其他方式的预处理。

（2）嵌件的预热：因为金属和塑料的收缩率差别较大，制品冷却时会在嵌件周围产生较大的内应力，导致强度下降甚至开裂。将嵌件加热，使其产生一定的膨胀，抵消一部分塑料的收缩，可以有效地防止开裂并减少内应力的产生。

（3）料筒的清洗：在生产不同的塑料产品时，应先将注射机料筒中原来残存的塑料清洗出来，一般采用换料清洗法，即以新料逐步将料筒中旧料挤出喷嘴，达到清洗的目的。

（4）正确选用脱模剂：由于制品的复杂性和工艺条件的不稳定性，可能造成脱模困难，因此在实际生产中常会使用脱模剂。常用脱模剂有三种：硬脂酸锌、液体石蜡和硅油。目前已有雾化脱模剂，其效果比人工喷涂要好得多。液体石蜡用于聚酰胺塑料件的脱模。硬脂酸锌除聚酰胺塑料外，一般塑料均可使用。硅油脱模效果好，但其价格较贵，适应性较差。

2．注射过程

完整的塑料注射过程包括加料、塑化、注射、保压、冷却、脱模等步骤，但实质上是塑料的塑化和熔体充满型腔并冷却定型两大过程。

（1）塑料的塑化：塑料在料筒内借助加热和机械功使其软化并熔融成为具有良好可塑性的均匀熔体的过程。塑化进行的效果直接关系到制品的产量和质量。对塑化的要求是，在规定的时间内塑化出足够的熔体，熔体在充入模具型腔之前应达到规定的成型温度，并且各点温度应均匀一致，不能局部温度过低或过高。

影响塑化的因素很多：注射机类型、螺杆结构、塑料的特性、料筒的温度、螺杆转速等。塑化是一个复杂的过程，在实际生产中必须重视这一过程的分析和控制，保证制品质量和生产过程的稳定。

（2）熔体充满型腔并冷却定型：根据塑料充入型腔的变化情况，可将此过程分为充模、压实、倒流、冻结后冷却四个阶段。

① 充模阶段：注射机的螺杆或柱塞快速推进，将塑料熔体注入型腔直至型腔被完全充满。在这一过程中型腔内的压力从零逐渐上升，达到既定的压力值（注射液压缸的压力值）。在快速充模时，熔体流速较快，会与喷嘴和浇注系统产生大量的摩擦热，使熔体温度升高，流动性增加，充模所需压力较小。当慢速充模时，充模时间长，摩擦热较少，先进入型腔的熔体冷却较快，黏度增加，所需压力较大。快速充模，制品方向性较小，熔接强度高；慢速充模，制品方向性较大。当制品中镶有嵌件时，充模速度不宜过快。

② 压实阶段：又称补塑保压阶段，是指自熔体充满型腔时起，至柱塞或螺杆开始退回时止的过程。在压实阶段内，由于熔体冷却收缩，尺寸缩小，在型腔中形成空隙，压力减小。此时螺杆或柱塞在油缸压力作用下会继续缓慢前移，将料筒中的熔体继续注入型腔空隙，补充收缩造成的缺料，从而保持型腔中熔体压力与注射油缸的压力平衡（保压）。压实阶段对提高制品密度，减小收缩率，保证制品表面质量具有重要的作用。

③ 倒流阶段：这一阶段自螺杆或柱塞开始后退时起，至浇口处熔体冻结时止。当螺杆或柱塞后退时型腔内熔体压力大于浇注系统中的熔体压力，导致塑料倒流。浇注系统中浇口尺寸较小，总是最先冷却凝固。如果浇口处在压实阶段已经冷却凝固，倒流就不存在。否则，会导致倒流，从而使型腔内压力迅速下降。从上述分析不难看出，有无倒流取决于压实阶段时间。因此，压实阶段时间长短会直接影响制品的收缩率。

④ 冻结后的冷却阶段：这一阶段从浇口处的塑料完全冻结到制品从模具中脱模为止。在此阶段中，补塑和倒流均不再进行。型腔内熔体继续冷却、收缩、硬化、定型。脱模时，制品应有足够的刚度，不致产生翘曲和变形。因为熔体冷却收缩，型腔内压力会降低，形成真空，造成脱模困难，应引起重视。另外，冷却速度过快或模具温度不均匀，会造成制品各部位收缩不均匀，产生内应力。因此冷却速度必须适当，模具冷却应均匀一致。

3．塑料制品后处理

由于塑化不均匀或熔体在型腔中结晶，定向和冷却不均匀，以及嵌件的影响都会造成制品内部存在的一些内应力，导致制品在使用过程中产生变形或开裂。因此必须消除内应力。塑料制品消除内应力一般采用退火处理和调湿处理。退火处理是把制品放在一定温度的烘箱或液体介质（热水、热矿物油、甘油等）中一段时间，然后缓慢冷却。退火温度和时间应根据不同情况来决定。退火处理可以消除内应力，稳定尺寸、提高结晶度、稳定结晶体结构、提高制品的硬度和弹性模量，但会降低断裂伸长率。调湿处理主要用于聚酰胺类塑料制品。此类制品高温下易氧化变色，在空气中使用又容易吸水膨胀，需较长时间尺寸才能稳定。将这类制品刚脱模就放在热水中煮一段时间，可以隔绝空气，防止氧化，消除内应力，并能加速达到吸湿平衡，稳定尺寸，故称为调湿处理。调湿处理还可以改善制品的韧度、冲击韧性和强度，处理时的温度和时间应根据不同情况来制定。

> **注意**
>
> 　　并非所有塑料制品一定都要经过后处理。例如，聚甲醛和氯化聚醚塑料制品，虽存在内应力，但能自行缓慢消除。制品要求不严格时，可以不必进行后处理。

2.1.3　注射模塑工艺条件的选择和控制

在生产中，工艺条件的选择和控制是保证顺利成型和制品质量的关键。注射模塑最主要的工艺条件是温度、压力和时间。

1. 温度

在注射成型过程中需要控制的温度有料筒温度、喷嘴温度和模具温度。前两个温度影响塑料的塑化和充模，后一个温度影响充模和冷却固化。

（1）料筒温度：料筒温度分布是不均匀的，从料斗至喷嘴的温度是不断变化的，靠近料斗为后段，其温度较低，中段的温度最高，靠近喷嘴为前段，其温度略低于中段的温度。料筒温度应控制在塑料的黏流温度 T_f 或熔点 T_m 与分解温度 T_d 之间。为了防止塑料分解，对一些黏流温度或熔点与分解温度范围较窄的塑料，料筒温度选择稍高于黏流温度或熔点就可以了；反之，对于上述范围较宽的塑料，料筒温度可比黏流温度或熔点高得多一些。对于热敏性塑料，不但要严格控制料筒的最高温度，还要控制塑料在料筒中停留的时间。成型时塑料黏度越大，制品壁较薄，充模阻力越大。为了提高熔体流动性，料筒温度应取高一些；反之，取低一些。另外，螺杆式注射机的料筒中塑料温度不但受料筒温度影响，还受到螺杆的剪切摩擦作用导致塑料温度升高，故其料筒温度可以略低一些，防止塑料过热分解。

（2）喷嘴温度：喷嘴温度一般比料筒前段温度低一些。一是为了降低喷嘴处塑料的流动性，防止塑料由喷嘴口流出，产生"流涎"现象；二是塑料高速通过狭小的喷嘴口时会产生大量的摩擦热，使熔体温度上升较多。但喷嘴温度也不能太低，否则此处塑料可能产生凝固而将喷嘴口堵死或将喷嘴口处凝料注入型腔而影响制品质量。

总之，选择料筒和喷嘴温度要考虑很多的因素，在实际生产中要根据具体情况来分析，初步确定温度值，再通过对制品的直观分析和熔体的"空射"情况进行修正，才能达到较好的调整效果。

（3）模具温度：模具应保持一定的温度，此温度应低于塑料的玻璃化温度或热变形温度，保证塑料熔体的凝固定型和脱模。此温度的选择和控制是否适当，对熔体的流动、制品的性能及表面质量影响很大。

模具温度的选定主要决定于塑料的特性、制品的结构及尺寸、制品的性能要求和成型工艺条件。对于非结晶型塑料，模具温度主要影响塑料熔体的流动性和熔体冷却固化时间。在保证能够顺利充满型腔的前提下，采用较低的模温，可以缩短冷却时间，提高生产率。所以对黏度低或中等的塑料，模温可以选择低一些。而对一些黏度大的塑料则采用较高模温，增加塑料的流动性以保证熔体能顺利充满型腔，缓和制品的冷却不均匀，防止制品产生凹陷、内应力、开裂等缺陷。对于结晶型塑料，不但要考虑其流动性和冷却时间等因素，还要考虑到塑料的结晶度和结晶构造对制品性能的影响。一般来说，模具温度高，冷却速度慢，制品的结晶度较大，制品的硬度较高、刚度大、耐磨性较好，但成型周期长，生产效率低，制品收缩较大，质脆；而模温较低，冷却速度快，结晶度较低，使制品后收缩增大，并会产生后期结晶过程。因此，对结晶型塑料，模温取中等为宜，高模温只用于结晶速率很小的塑料。另外，制品壁厚的大小，也影响模温的选择。壁厚越大，模具温度应较高，以减小内应力和防止制品产生凹陷等缺陷。

常用热塑性塑料注射成型模温见表 2.1。

表 2.1　常用热塑性塑料注射成型模温

塑料	模温/℃	塑料	模温/℃	塑料	模温/℃
低压聚乙烯	60～70	ABS	50～80	聚碳酸酯	90～120
高压聚乙烯	35～55	改性聚苯乙烯	40～60	化聚醚	80～110
聚丙烯	50～90	尼龙 6	40～80	聚苯醚	110～150
聚苯乙烯	30～65	尼龙 610	20～60	聚砜	130～150
硬聚氯乙烯	30～160	尼龙 1010	40～80	聚三氟氯乙烯	110～130
有机玻璃	40～60	聚甲醛	90～120		

需要指出的是熔体实际温度除了与上述的三个温度有关外，还与塑化压力、螺杆的结构、转速、长度等因素有关。例如，螺杆转速越高，熔体的温度也会增高。这些因素的影响不容忽视。

2. 压力

注射模塑过程中应控制的压力有两个：一个是塑化压力，另一个是注射压力。

（1）塑化压力：是指采用螺杆式注射机时，其顶部熔体使螺杆旋转后退从而对螺杆产生的压力，也可以说是熔体在此时受到的压力。塑化压力又称背压，其压力值可以通过注射机的液压系统来调节。塑化压力大，能提高熔体温度及均匀性，有利于色料的均匀混合，有利于排出熔体中的气体，但同时会降低塑化效率，延长模塑周期，增加塑料分解的可能性。因此，塑化压力应在保证产品质量的前提下，选择较低的为好，一般不应超过 2.0MPa。塑化压力应根据塑料品种及其性能来定。热敏性塑料，易发生分解，应取低些；黏度大的塑料，应取高些，但螺杆传动系统易超载；黏度较小的，应取低些，否则将大大降低塑化效率。总的来说，塑化压力不宜太高。

（2）注射压力：注射压力是指柱塞或螺杆顶部将料筒前端已塑化的塑料通过浇注系统注入型腔时施加的压力，其作用是克服熔体的流动阻力，使熔体具有一定的速率，压实熔体。因此，注射压力及保压时间对熔体充模及制品质量影响极大。

注射压力的大小取决于塑料的品种、注射机类型、模具结构、塑料制品的壁厚和流程及其他工艺条件，尤其是模具的浇注系统的结构和尺寸。一般情况下，注射压力越大，注射熔体速率越高，流动性增加，有利于薄壁、面积大、形状复杂、流程长的制品成型。

注射压力对模塑工艺的影响见表 2.2。模内平均压强值见表 2.3。

表 2.2　注射压力对模塑工艺的影响

模塑情况		优点、缺点
注射压力高	黏度大，冷却速度快的塑料； 玻璃纤维增强塑料； 柱塞式注射机； 大型制品； 薄壁、形状复杂制品； 浇注系统和制品的流程长	优点：密度较高，尺寸收缩小，力学性能较好，表面质量较好。 缺点：残余内应力大，回弹较大，脱模困难，注射机锁模力较大
注射压力低	黏度较小，冷却速度慢的塑料； 螺杆式注射机； 一般复杂程度的产品； 流程较短； 料筒和模具温度较高； 模具简单，浇口尺寸大	优点：内应力小，变形小，脱模容易

表 2.3　模内平均压强值

制品特点	模内平均压强 $P_{模}$/MPa	举例
容易成型制品	24.5	PE、PP、PS 等壁厚均匀的日用品、容器类制品
一般制品	29.4	在模温较高情况下，成型薄壁容器类制品
中等黏度塑料和有精度要求的制品	34.3	ABS、PMMA 等有精度要求的工程结构件，如壳体、齿轮等
加工高黏度塑料、高精度、充模难的制品	39.2	用于机器零件上高精度的齿轮或凸轮等

　　对于熔体黏度大、冷却速度快的塑料，不采用较高的注射压力就不能充满型腔，造成表面不光滑、不均匀等缺陷。较高的注射压力会造成产品的残余应力较大，并产生较大的回弹，造成脱模困难。因此，注射压力要适当，一般情况下注射压力选择请查附录 C。

　　从附录 C 中不难看出，高的注射压力对产品也有不利的一面，我们在塑料熔体能顺利充满型腔的情况下，应选用较小的注射压力。

　　必须指出，注射压力的确定要考虑的因素很多，也很复杂，并且压力在注射过程中也是变化的，尤其是大型产品。注射压力的最佳选择值应从生产中逐步调试得到，即先从较低的注射压力开始注射试模，再根据产品的质量问题逐渐调整，直至产品达到要求，最后确定其最佳压力值，并以此值为准。

3. 时间（成型周期）

　　完成一次注射模塑过程（正常情况下，二次相邻的开模或合模之间）所需的时间称为成型周期，如图 2.3 所示。

　　成型周期直接影响生产效率和设备的利用率，应该在保证产品质量的前提下尽量缩短成型周期中的各段时间。

　　在成型周期中，注射时间和冷却时间所占

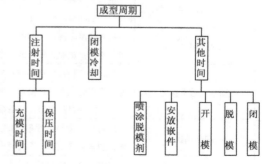

图 2.3　成型周期的构成

的比例最大，是成型周期主要的组成部分，对制品的质量有决定性的作用。充模时间由充模时熔体的速率控制。在生产中，充模时间一般不超过 10s，而保压时间（压实时间）占的比例较大，一般为 20～120s，壁较厚的产品所需保压时间更长，有的可高达 5～10min。保压时间与料温、模温、主流道尺寸、浇口尺寸等有密切关系。通常将制品收缩率波动范围最小时的保压时间作为其最佳值。保压时间的确定对制品质量有重要的影响，应该适当确定。冷却时间主要决定于制品的壁厚、模温、塑料的热性能和结晶性能。冷却时间的确定应以保证制品脱模时不引起变形为原则，一般为30～120s。冷却时间太长，塑料的弹性降低，有时会造成制品脱模困难，强行脱模会导致制品应力过大甚至破裂。成型周期中其他因素与工人的操作水平、自动化程度及生产组织管理有关，应尽量减少这类时间，缩短成型周期。

注射成型的工艺条件的正确选择对保证注射成型的顺利进行和制品质量至关重要。影响工艺条件的因素又十分复杂，要正确选择成型条件的各相关参数，既需要理论知识，还应具有较丰富的实践经验，并且在实际生产中还要通过观察制品质量和"空射"来进行校正，因此，下面提供的成型工艺条件数据仅供参考。

常用热塑性塑料注射成型工艺条件见附录 A。热塑性塑料注射成型产生废品的类型及原因见表 2.4。

表 2.4　热塑性塑料注射成型产生废品的类型及原因

制品缺陷	产生的原因
制品不足	料筒、喷嘴及模具温度偏低；加料量不够；料筒剩料太多；注射压力太低；注射速度太慢；流道或浇口太小，浇口数目不够，位置不当；模腔排气不良；注射时间太短；浇注系统发生堵塞；原料流动性太差
制品溢边	料筒、喷嘴及模具温度太高；注射压力太大，锁模力不足；模具密封不严，有杂物或模板弯曲变形；模腔排气不良；原料流动性太大；加料量太多
制品有气泡	塑料干燥不良，含有水分、单体、溶剂和挥发性气体；塑料有分解；注射速度太快；注射压力太小；模温太低、充模不完全；模具排气不良；从加料端带入空气
制品凹陷	加料量不足；料温太高；制品壁厚或壁薄相差大；注射及保压时间太短；注射压力不够；注射速度太快；浇口位置不当
熔接痕	料温太低，塑料流动性差；注射压力太小；注射速度太慢；模温太低；模腔排气不良；原料受到污染
制品表面有银丝及波纹	原料含有水分及挥发物；料温太高或太低；注射压力太低；流道浇口尺寸太大；嵌件未预热或温度太低；制品内应力太大
制品表面有黑点及条纹	塑料有分解；螺杆转速太快，背压太高；塑料碎屑卡入柱塞和料筒间；喷嘴与主流道吻合不好，产生积料；模具排气不良；原料污染或带进杂质；塑料颗粒大小不均匀
制品翘曲变形	模具温度太高，冷却时间不够；制品厚度悬殊；浇口位置不当，数量不够；顶出位置不当，受力不均；塑料大分子定向作用太大
制品尺寸不稳定	加料量不稳；原料颗粒不匀，新旧料混合比例不当；料筒和喷嘴温度太高；注射压力太低；充模保压时间不够；浇口、流道尺寸不均；模温不均匀；模具设计尺寸不准确；脱模杆变形或磨损；注射机的电力、液压系统不稳定
制品粘模	注射压力太高，注射时间太长；模具温度太高；浇口尺寸太大和位置不当；模腔光洁度不够；脱模斜度太小，不易脱模；顶出位置结构不合理
主流道粘模	料温太高；冷却时间太短、主流道料尚未凝固；喷嘴温度太低；主流道无冷料穴；主流道光洁度差；喷嘴孔径大于主流道直径；主流道衬套弧度与喷嘴弧度不吻合；主流道斜度不够

续表

制品缺陷	产生的原因
制品内冷块或僵块	塑化不均匀；模温太低；料内混入杂质或不同牌号的原料；喷嘴温度太低；无主流道或分流道冷料穴；制品重量和注射机最大注射量接近，而成型时间太短
制品分层脱皮	不同塑料混杂；同一种塑料不同级别相混；塑化不均匀；原料污染或混入异物
制品褪色	塑料污染或干燥不够；螺杆转速太大，背压太高；注射压力太大；注射速度太快；注射保压时间太长；料筒温度过高，致使塑料、着色剂或添加剂分解；流道、浇口尺寸不合适；模具排气不良
制品强度下降	塑料分解；成型温度太低；熔接不良；塑料潮湿；塑料混入杂质；浇口位置不当；制品设计不当，有锐角缺口；围绕金属嵌件周围的塑料厚度不够；模具温度太低；塑料回料次数太多

2.2 注射机与注射模具的关系

2.2.1 注射机的组成及工作原理

注射机主要由注射装置、合模装置、液压传动系统、电气控制系统及机架等组成，如图 2.4 所示。

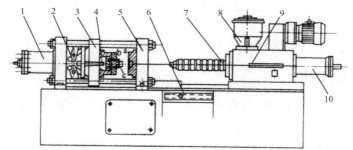

1—锁模油缸；2—锁模机构；3—移动模板；4—顶出杆；5—固定模板；6—控制台；

7—料筒及加热器；8—料斗；9—定量供料装置；10—注射油缸；

a—模具的定模部分；b—模具的动模部分；c—塑料制品

图 2.4 注射机的组成

工作时，模具的定模装在注射机的固定模板上，动模装在移动模板上，由锁模机构将模具的定模与动模合模并给予一定的压力锁紧，防止型腔中塑料熔体的压力将动模与定模顶开。注射装置在液压传动系统驱动下向左移动，最前端的喷嘴以一定压力顶住定模上的主流道衬套，将料筒中已塑化的塑料熔体以一定的压力注入型腔。经一定的时间冷却定型后，由合模机构将移动模板拉回，使模具的动模与定模分开，由顶出杆推动模具中的推出机构将产品由动模上推出。

2.2.2 注射机的参数与模具的关系

注射模只有装在与其相适应的注射机上才能正常工作。因此，注射机的参数必须与注射模相匹配。注射机应该校核的基本参数有最大注射量、最大注射压力、最大锁模力、最大成型面积、模具最大和最小厚度、最大开模行程、注射机安装模板的尺寸和位置等。

1. 最大注射量的校核

最大注射量就是某种型号的注射机一次所能注射塑料熔体量的最大值。由于不同的塑料制品大小不同，所需塑料量（体积或重量）有很大差别，从几克至几百克甚至更多。若最大注射量小于制品所需的塑料量，会造成制品不完整、内部疏松、强度下降等缺陷，而最大注射量太大，注射机的利用率降低，浪费电能，并可能使塑料产生分解。因此，为了保证注射成型正常进行，注射机的最大注射量应稍大于制品所需的塑料的质量（或体积）。值得注意的是，制品所需塑料量应包括流道凝料和飞边在内。通常制品所需塑料量（实际注射量）最好在最大注射量的80%以内。

最大注射量有容积标定和重量标定两种。

（1）容积标定。

$$V_制 \leqslant 0.8 V_注$$

式中　　$V_制$——制品+流道凝料+飞边的总体积（cm^3）；

　　　　$V_注$——注射机最大注射容量（cm^3）；

　　　　0.8——最大注射容量利用系数。

（2）重量标定。

$$G_制 \leqslant 0.8 G_注$$

式中　　$G_制$——制品+流道凝料+飞边的总重量（g）；

　　　　$G_注$——最大注射重量（g）；

　　　　0.8——最大注射重量利用系数。

2. 最大注射压力的校核

塑料制品的注射压力与许多因素有关，例如，塑料种类，制品形状、尺寸、注射工艺条件、喷嘴、浇注系统等，很难确定一准确压力值。一般成型注射压力在 70～150MPa 范围选用，需在生产中调试。

$$P_制 \leqslant P_注$$

式中　　$P_制$——成型某制品所需注射压力（MPa）；

　　　　$P_注$——注射机最大注射压力（MPa）。

3. 最大锁模力的校核

锁模力又称合模力。最大的锁模力是指注射机的合模机构能对模具所施加的最大夹紧力。当熔体充满型腔时，注射压力在型腔内所产生的作用力总是力图使模具沿分型面胀开。为了使模具不被胀开，必须使合模力大于型腔内熔体压力与塑料制品及浇注系统在分型面上的投影面积之和的乘积。

塑料熔体经过喷嘴和浇注系统再到达型腔各部位，其压力损失很大，压力损失与塑料的流动性、注射机类型、喷嘴形式、模具流道阻力、注射压力、保压压力、熔体温度、模具温度、注射速度、制品壁厚与形状、流程长短、保压时间等有关。型腔内的压力要比注射压力小得多，很难确定其压力损失的大小。因此，在实际工作中常采用型腔中熔体平均压力来校核。型腔内熔体压力确定后，锁模力就很容易校核了。

$$F_s \geqslant P_q A_f$$

式中　　F_s——注射机的公称锁模力（N）；

A_f——塑料制品及浇注系统在分型面上的投影面积之和（mm^2）；

P_q——型腔内熔体平均压力（MPa）。

4．模具型腔数的确定

模具的型腔数可以根据制品的产量、精度、模具制造成本、所选用注射机的型号等因素确定。一般情况下，小批量生产，为了降低模具成本，宜采用单型腔模具。大型塑料制品且精度较高时，由于型腔的成型条件及流程难以一致，宜采用单型腔模具。大批量生产时，为了提高生产效率，往往采用多型腔模具。多型腔模具的型腔数不但受到注射量的制约，而且还要受到锁模力的制约。

模具型腔数的校核方式与最大锁模力和最大注射量的校核相同，但要将各个型腔及浇注系统全部计算在内。

5．注射机喷嘴与主流道衬套的确定

由于不同的注射机配有不同尺寸的喷嘴，同一台注射机也会配有不同尺寸的喷嘴，因此，要求在选用主流道衬套时必须满足以下两个条件：

$$R=r+（1\sim2）mm；D=d+（0.5\sim1）mm$$

式中　R——主流道衬套的球面半径；

r——喷嘴前端球面半径；

D——主流道衬套的小端孔直径；

d——喷嘴前端小孔直径。

只有这样，才能使主流道衬套处不形成空隙，无熔料存积，有利于主流道凝料的拔出，如图 2.5（a）所示。否则，将会留有空隙使熔体积存而影响凝料拔出，如图 2.5（b）所示。

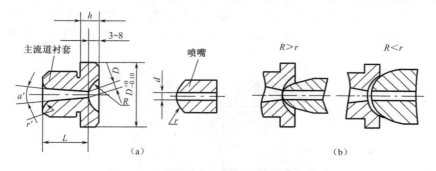

图 2.5　注射机喷嘴与模具主流衬套的关系

6．模具闭合厚度与注射机装模空间的校核

（1）模具的外形尺寸：模具的外形尺寸不应超过注射机的固定板的外形尺寸，并应小于拉杆的间距，便于模具的安装和调整。否则，模具无法从拉杆间进入。

（2）模具的闭合厚度：注射机的合模机构的开合是有限制的，这就要求模具的闭合厚度既不能小于 H_{min}，也不能大于 H_{max}，否则，模具无法闭合。因此，要求模具的闭合厚度应满足下列条件：

$$H_{min}\leqslant H\leqslant H_{max}；H_{max}=H_{min}+L$$

式中　H——模具闭合时的厚度（mm）；

H_{min}——注射机动模板可移动至定模板的最小距离（mm）；

H_{max}——注射机动模板可移动至定模板的最大距离（mm）；

L——注射机调节螺母可调节动模板的最大长度（mm）。

注意

如果模具的闭合厚度 $H < H_{min}$ 时，可采用垫板来调整。如果模具的闭合厚度 $H > H_{max}$ 时，模具无法锁紧。

模具闭合厚度与注射机装模空间的关系如图 2.6 所示。

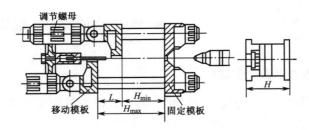

图 2.6　模具闭合厚度与注射机装模空间的关系

7．开模行程的校核

开模行程是指模具开、合模的过程中，注射机的移动模板所能移动的最大距离。它是由连杆机构或移模液压缸的最大冲程决定的。开模行程必须保证模具打开后能方便地取出制品、流道凝料，并能满足其他的要求（如方便地安放嵌件和喷脱模剂等）。

（1）注射机最大开模行程与模具厚度无关的情况，适用于液压机械联合作用的合模机构注射机的计算校核。此类注射机的最大开模行程就是模具能够打开的最大行程。

① 对于单分型面的注射模，其开模行程如图 2.7 所示，开模行程可按下式进行校核。

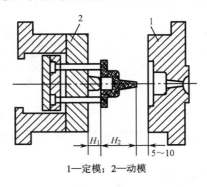

1—定模；2—动模

图 2.7　单分型面注射模的开模行程

$$S \geqslant H_1 + H_2 + (5\sim10)\ \text{mm}$$

式中　S——注射机的最大开模行程（移动模板的最大移动距离）（mm）；

H_1——塑料制品的推出距离（mm）；

H_2——制品的高度（包括流道凝料）（mm）。

② 对于双分型面的注射模，其开模行程如图 2.8 所示，此类注射模的开模行程还应该加上定模座板与中间板的分离距离，此距离应足以方便地取出浇注系统的凝料。

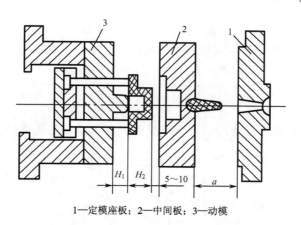

1—定模座板；2—中间板；3—动模

图 2.8　双分型面注射模的开模行程

$$S \geqslant H_1 + H_2 + a + （5 \sim 10） \text{mm}$$

式中　a——方便取出流道凝料所需的距离。

③ 内表面为阶梯形的注射模，其开模行程如图 2.9 所示，对于此类注射模，因其内部有空位，可以不必将制品完全推出型芯，所以推出距离可以小于型芯高度，具体情况具体处理。

（2）注射机的最大开模行程与模具厚度有关的情况，适用于全液压合模机构的注射机和全机械合模的角式注射机的计算校核。最大开距（最大开模行程）应等于注射机的移动模板和固定模板之间的最大距离（开距）减去模具的闭合厚度。注射机开模行程与模具闭合厚度有关的开模行程校核，如图 2.10 所示。

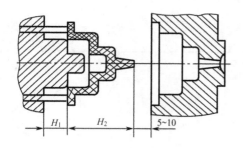

图 2.9　内表面为阶梯形的注射模的开模行程

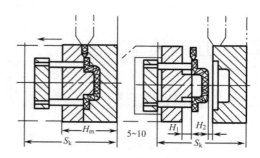

图 2.10　注射机开模行程与模具闭合厚度有关的开模行程校核

$$S_k \geqslant H_m + H_1 + H_2 + （5 \sim 10） \text{mm}$$

式中　S_k——注射机最大开距（mm）；

　　　H_m——模具闭合高度（mm）；

　　　H_1——塑料制品推出距离（mm）；

　　　H_2——制品高度（包括流道凝料）（mm）。

（3）有侧向抽芯时开模行程的校核。有的模具侧向分型或侧向抽芯是利用注射机的开模动作，通过斜导柱（或齿轮齿条等）分型抽芯机构来完成的。这时所需开模行程必须根据侧向分型抽芯抽拔距离的需要和制品高度、推出距离、模厚等因素来确定。如图 2.11 所示，斜导柱侧向抽芯机构为了完成侧向抽芯距离 $S_{抽}$ 所需的开模行程为 H_4，当 H_4 大于 H_1 与 H_2 之和时，开模行程按下式校核：

$$S_k \geqslant H_4 + （5\sim10）\text{mm}$$

若 H_4 小于 H_1 与 H_2 之和时，则按下式校核：

$$S_k \geqslant H_1 + H_2 + （5\sim10）\text{mm}$$

> **注意**
>
> 当抽芯方向与分型面不垂直而成一定角度时，应根据抽芯机构的具体结构来确定。

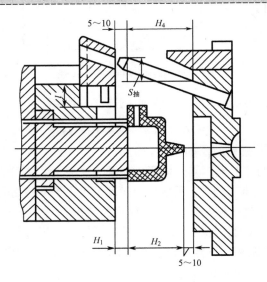

图 2.11 有侧向抽芯时开模行程的校核

2.3 压缩模塑工艺

2.3.1 压缩模塑概述

1. 压缩模塑原理

压缩模塑又称压制成型、压塑成型或模压成型。它的成型方法是将一定量的粉状、粒状或纤维状的塑料在成型温度下放入模具加料腔中，然后合模加压，使其成型固化，取出制品，其原理图如图 2.12 所示。

压缩成型主要用于热固性塑料的成型。压制热固性塑料时，模具的温度达到成型温度，将热固性塑料置于加料腔中（同时也是凹模）。然后压力机将凸模以一定的压力压入凹模，使热固性塑料受到高温高压作用，由固态逐渐变成黏流态，充满型腔。同时高聚物发生交联反应并逐渐深化，黏流态的塑料逐步变为固体。当塑料全部固化后，凸模由压力机向上抬起脱离凹模，并将制品从凹模中取出。

压缩成型也可用于热塑性塑料成型，使固态的原材料加热成为黏流态并充满型腔，但不存在交联反应。压缩时应将模具冷却使其凝固，才能脱模获得固化的制品。这样，模具先要加热至塑料的黏流温度以上使塑料塑化，接着又要冷却至塑料的玻璃化温度以下使其固化成型。加热和冷却交替进行，生产周期长，效率低，工人劳动强度大，与注射成型比较，成本大得多。因此，只有不宜用高温注射成型的硝化纤维塑料及一些流动性很差的塑料（如聚四氟乙烯）才采用压缩成型。

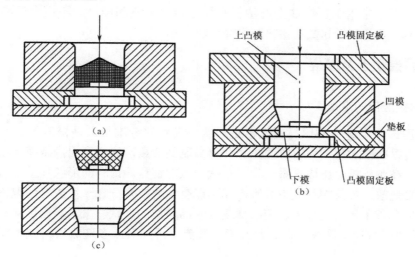

图 2.12　压缩成型原理图

2．压缩成型的特点

压缩成型时，塑料直接加入型腔内，压力机的压力通过凸模直接传给塑料，模具在塑料最终成型时才完全闭合。

（1）压缩成型的优点。

① 没有浇注系统，材料损耗少。

② 使用一般压力机，价格低廉。

③ 模具简单，节省了制造费用。

④ 可以成型较大平面的塑料制品，模具尺寸不受太多的限制。

⑤ 压制时由于塑料在型腔直接受压成型，有利于流动性差的塑料成型。

⑥ 制品收缩较小，变形小，各项性能比较均匀。

⑦ 压缩成型工艺成熟、可靠，已经积累了丰富的经验。

（2）压缩成型的缺点。

① 生产周期长，效率低。

② 不易实现自动化生产，工人劳动强度大，工作场所温度高，常有粉尘和纤维飞扬，工作环境恶劣。

③ 不容易压制形状复杂、壁厚相差较大的制品。

④ 不容易获得高精度的制品，特别是在高度方向上尺寸精度差。

⑤ 制品常有较厚的溢边，并且厚度每次压制均不相等。

⑥ 制品需有较大的脱模斜度，否则脱模困难。

⑦ 模具中细长的成型杆或细薄嵌件在压制时易弯曲变形，这类制品不宜采用压缩成型。

⑧ 对模具材料要求较高，模具使用寿命短。

3．常用于压缩成型的塑料

一般情况下，常用于压缩成型的塑料有酚醛塑料、氨基塑料、不饱合聚酯塑料、聚酰亚胺等，其中，酚醛塑料和氨基塑料应用最广泛。

2.3.2　压缩模塑工艺流程

1．压缩模塑前的准备工作

（1）预压。由于塑料的原材料大多是粉状、粒状和纤维状，是松散的状态，人工加料时不方便且难以准确加料。为了方便操作和提高制品质量，往往利用预压模将粉状或纤维状的热固性塑料在预压机上压成重量一致、形状一致的锭料。锭料的形状和重量以既能用整数又能十分紧凑地放入模具加料腔中为宜，即不能有半块或几分之一块放置的现象。锭料一般用圆片状，也有长条形，扁球形、空心体或与制品相似的形状。采用预压锭料有以下优点：

① 压缩成型时加料简单、迅速、准确。避免了因加料太多造成溢料或加料太少造成制品缺陷。

② 将松散的塑料压成锭料，使其体积减小，可以减小加料腔尺寸，还使空气的含量减少，传热加快，从而缩短预热和固化时间，避免气泡产生，提高制品质量。

③ 由于锭料可以压制成与制品形状一致或空心锭料，所以便于模压形状较复杂或带精细嵌件的制品。

④ 粉状在型腔中预热时由于空隙较大，传热较慢，很容易出现烧焦现象，锭料则不容易出现表面烧焦现象，所以，锭料的预热温度可以高得多（粉料 100～120℃，锭料可达170～190℃）。从而缩短预热时间和固化时间，提高生产效率。

⑤ 避免加料过程中塑粉乱飞，改善工作条件。

尽管塑料预压有很多优点，但预压过程较复杂，实际生产中一般不采用预压，而直接用塑料的原材料模压成型。预压只适用于大批量生产。

注意

预压锭料必须注意下面几点要求：

① 压塑粉的颗粒最好是大小相同，颗粒大小比例要适当。

② 压塑粉应含一定量的润滑剂。

③ 压塑料粉料应含有一定水分以利于预压成型，但不能过多。

④ 压缩比一般为 3.0 左右，即粉料的体积与预压成型后的锭料体积之比为 3.0 左右。

⑤ 预压一般在室温下进行，也可加热到 50～90℃进行。压力范围为 40～200MPa，所选压力须使锭料的密度达到制品最大密度的 80%。

（2）预热和干燥。有的热固性塑料在成型前应进行加热，其目的是去除塑料中的水分和挥发物，即干燥；或是为压缩成型提供热塑料，即预热，通常两者兼有。预热和干燥可以缩短成型周期，提高制品固化的均匀性，从而提高制品的性能。同时能增加熔体的流动性，降低成型压力，减少模具的磨损，提高制品的合格率。

常用的塑料预热和干燥方法有热板预热、烘箱预热、红外线预热。

① 热板预热：将塑料放在一个可以用电或煤气均匀加热的金属板上，并控制其温度；

温度范围为 40～210℃，也可直接将塑料放在压力机的下压板的空位上进行预热。

② 烘箱预热：将塑料放在烘箱中预热，烘箱内应设有空气循环和温控装置。

③ 红外线预热：用红外线灯直接照射加热，但应防止塑料表层过热分解，注意调节照射距离。

2．压缩成型过程

压缩成型过程：模具预热（首件）、嵌件安放（无嵌件则无此过程）、加料、合模、排气、固化、开模、脱模、模具清理、塑料制品后处理。图 2.13 所示为常见的热固性塑料压缩成型工作循环图。

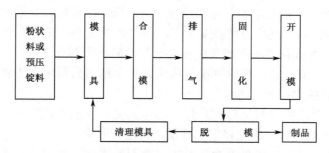

图 2.13 热固性塑料压缩成型工作循环图

（1）模具预热：首件生产前，必须将模具放在压力机的下压板上进行预热，温度应达到成型温度。

（2）嵌件安装：塑料制品中的嵌件一般起导电和连接作用。较大嵌件应先进行预热，小型嵌件可以不预热。安放时应正确、平稳，以免造成废品和损坏模具。

（3）加料：加料时的关键是加料量，加料量的多少直接影响制品的尺寸、密度和性能，所以必须严格定量。加料方法有重量法、容量法和数量法三种。重量法就是每次加入一定重量的塑料。此法比较准确，但每次加料前必须称重，比较麻烦。容量法就是用一个预制的容器装料，此法操作简单，但加料量不易控制得很准确。记数法就是每次加入锭料的个数，只适合锭料的加入。加料过程中对流动性差的塑料应注意合理的堆放。特别是大型制品尤其要注意这个问题，即用料多的部位多放，用料少的部位少放。

（4）合模：加料完成后即开始合模。

① 当凸模未接触塑料前应尽量加快速度，缩短时间。

② 凸模接触塑料后应缓慢闭模，避免模具中的成型杆、型腔、嵌件的损坏，并可以充分排出型腔中的气体。

③ 当模具完全闭合后即达到最大压力（15～35MPa），在此压力下，对塑料进行加热加压。合模时间由几秒至几十秒不等。

（5）排气：在模压成型过程中，必须排出塑料中的水分、挥发物、副产品等组成的气体，否则会影响制品的性能和表面质量。因此，合模后当型腔中塑料处于可塑状态时应及时卸压，使凸模松动少许时间（不超过 20s），以便排出气体。排气体数一般为 1～2 次，视实际需要而定。

（6）固化：排气后将凸模再次加压至成型压力，并使模具温度保持一定的成型温度。在高温、高压下保持一定时间，使型腔中塑料发生交联反应而固化，并达到要求。固化不足

（欠熟）或固化过度（过熟）都不能得到较好的制品质量。固化过度还会延长生产周期，降低生产效率。一般情况下，固化程度以能够完整脱模为准。固化不足可以用后处理（后烘）的方法来继续完成全固化过程。

要想获得高质量的制品，我们必须清楚两个重要的问题：固化速度和固化程度。固化速度是指试样硬化 1mm 厚度所需的时间。固化速度是可以控制的，可通过调整成型工艺条件，预热、预压来控制固化速度。固化速度慢，造成成型周期长，生产效率低。固化速度太快使塑料未充满型腔就固化了，造成制品质量问题，同时也不利于成型复杂形状的制品，所以控制固化速度很重要。固化程度是指塑料在高温高压状态下发生交联反应，而固化所能达到的最佳状态的程度。固化程度对制品的质量影响很大。固化不足（欠熟），制品的力学强度、耐蠕变性、耐热性、耐化学性、电绝缘性均会下降，热膨胀、后收缩增加，还可能产生裂纹。固化过度（过熟），制品力学强度不高、脆性大、变色、表面产生大量的小泡等。需要说明的是固化不足和固化过度可能发生在同一制品的不同部分。

（7）开模：移动式模具的开模须将模具从压力机上移出后再用手工将模具打开；固定式或半固定式模具则直接由压力机将模具打开。

（8）脱模：完成固化后使制品与模具分开称为脱模。脱模方式有手动推出脱模和机动推出脱模。有侧抽芯或嵌件时，应先将它们拧脱，再进行脱模。

（9）模具的清理：固化后的热固性塑料加热后不能熔融，如果留在模具内的碎屑和飞边不及时清出，再次压入后面的制品中，会严重影响制品的质量甚至造成报废。因此，发现模内有碎屑或飞边时，必须用铜刷除去，如果粘得比较紧，还要使用抛光剂，再用压缩空气将模具吹干净。

（10）塑料制品后处理：制品脱模后由于冷却不均匀等发生翘曲，则要将制品放在形状与制品相同的型腔中加压冷却，使翘曲回复。有的制品"欠熟"，可放在烘箱中保温一定时间，使固化达到最佳值。有的制品存在较大内应力，可将制品放在烘箱中缓慢冷却来消除内应力。

2.3.3 压缩模塑工艺条件

压缩模塑工艺条件主要是指成型压力、成型温度和模压时间。

1. 成型压力

成型压力是指模压时单位投影面积上压力机对塑料制品的压力。它的作用是迫使塑料充满型腔并使黏流态的塑料在压力作用下固化。

成型压力可按下式计算：

$$P = F_g \times 1000/A$$

式中　P——成型压力（MPa）；

　　　F_g——所用压力机的公称压力（kN）；

　　　A——凸模与塑料接触部分在合模方向的垂直面上的投影面积（mm²）。

需要指出的是如果 F_g 没有达到最大值，应按实际压力计算。

成型压力对制品的性能和成型的影响很大。成型压力大，制品的密度高。密度的增加是有限的，当压力增加至一定值后，密度就不再增加。密度高的制品，力学性能一般较高。成型压力小，制品易产生气孔、疏松、缺料等一系列缺陷。成型压力大，有利于提高塑料流动性，有利于充满型腔，并能加快交联固化速度，但同时消耗的能量多，易损坏嵌件和模具，因此，在成型时应选择适当的成型压力，常见的塑件压制时所需压力见表2.5。

表 2.5　压制塑料时所需的压力 *P*/（MPa）

简图	塑件尺寸/mm	酚醛塑料			氨基塑料
		木粉充填	布基充填	石棉充填	
	扁平厚壁	12.5～17.5	30～40	大约 40	12.5～17.5
	高 20～40 壁厚 4～6	12.5～17.5	35～45	45～50	12.5～17.5
	高 20～40 壁厚 2～4	15～20	40～50	45～50	15～20
	高 40～60 壁厚 4～6	17.5～22.5	50～70	45～50	17.5～22.5
	高 40～60 壁厚 2～4	22.5～27.5	60～80	45～50	22.5～27.5
	高 60～100 壁厚 4～6	20～25	难以成型	50～55	25～30
	高 60～100 壁厚 2～4	25～30	难以成型	50～55	27.5～35
	薄壁、不易充模的零件	25～30	40～60	50～55	25～30
	高<40 壁厚 2～4	25～30	难以成型	45～50	25～30
	高>40 壁厚 4～6	30～50	难以成型	45～50	30～35
	轮形件、垂直兼水平分型	15～20	40～60	45～50	12.5～17.5
	垂直分型、高度大	25～30	80～100	50～55	25～30

　　成型压力的选择主要根据塑料的种类，塑料的形态（粉料或锭料），制品的形状和尺寸，成型温度和模具结构等因素而定。表 2.5 所示为压制塑料时所需的压力。塑料的流动性

差，固化速度较快，填料的纤维越长，塑料的压缩率越高，成型压力应选择大一些。经过正确预压或预热的塑料所需的成型压力要选择小一些。制品形状复杂，壁厚较大，模具型腔较深时应选择较大的成型压力。模具温度高，成型压力可适当降低。但温度过高，会使模壁处的塑料提前固化，同时可能使塑料过热分解，影响产品的成型和性能。成型压力是选择和调整压力机压力的主要依据，也是模具设计校核尺寸、强度和刚度的重要依据。

2．成型温度

成型温度是指压制制品所规定的模具温度。在此温度下，塑料由玻璃态转变为黏流态，再产生交联反应变为固态。热固性塑料较热塑性塑料成型模温的选择更加重要。成型温度（模温）并不等于型腔内的塑料温度，塑料温度的变化规律如图 2.14 中的曲线 a 所示。

塑料温度最高时比模具温度高，这是由于塑料发生交联反应时会放出热量使塑料增温。

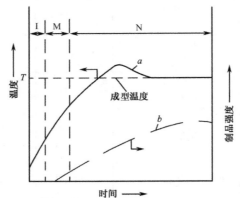

T—成型温度；a—塑料温度随时间的变化；b—塑料制品强度随时间的变化；

I—塑料受压流动阶段；M—塑料受热膨胀阶段；N—塑料固化阶段

图 2.14　塑料温度和制品强度随时间变化示意图

塑料制品的强度与模压时间的关系如图 2.14 中的曲线 b 所示。常用热固性塑料压缩成型模温见表 2.6。

表 2.6　常用热固性塑料压缩成型模温

塑料	模温/℃	塑料	模温/℃	塑料	模温/℃
酚醛塑料	150～190	150～1 聚邻（对）苯	166～177	有机硅塑料	165～175
脲醛塑料	150～155	二甲酸二丙烯酯	177～188	硅酮塑料	160～190
三聚氰胺甲醛塑料	155～175	环氧塑料			

时间太长会使制品强度下降。在同一成型压力下，不同的成型温度所得到的强度—时间变化规律是相同的，只是最大强度值的位置会发生变化，即最大强度值会不同。过大和过小的成型温度都会使最大强度值下降。成型温度过高，虽然会使固化速度加快，缩短模压时间，但会造成充满型腔困难，制品表面质量差，甚至造成变形、开裂。成型温度低，又会使固化速度慢，造成模压时间增加，所以成型温度对产品质量和模压时间影响极大。

3．模压时间

模具加料后闭合至固化成型后开模的这段时间称为模压时间。成型温度越高，模压时间越短，其关系如图 2.15 所示。

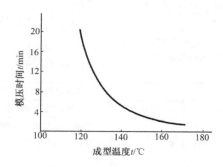

图 2.15　成型温度与模压时间的关系

从图中可以看出，在保证塑料制品成型的前提下，提高成型温度可以缩短模压成型时间，从而提高生产效率。模压时间不仅与成型温度有关系，还与塑料种类、制品的形状、壁厚、模具结构、预压、预热、成型压力等因素有关。复杂的制品，由于受热面积大，摩擦产生的热量多，固化速度较快，模压时间较短，因此应控制固化速度，以保证塑料能充满型腔。制品厚度大，模压时间要长一些，否则会造成固化程度不足。在不溢式压缩模中，由于排气困难，模压时间要长一些，须使用预压和预热的塑料，采用较大的成型压力，可缩短模压时间。总之，模压时间太长，对制品的力学性能并无好处，相反还会降低其强度和电性能，但模压时间太短，又会造成制品塑化程度不稳定，影响制品质量。

4．常用热固性塑料压缩成型工艺条件

成型压力、成型温度和模压时间三者之间的联系是比较复杂的。如何确定这三个工艺条件，特别是成型温度和模压时间，对产品质量有非常大的影响。选择这三个工艺条件，应遵循的原则是既要保证制品的固化程度又要防止"过熟"，在保证制品质量的前提下，尽量缩短模压时间，提高生产效率。

常用的热固性塑料压缩成型工艺条件见附录 D。压缩成型过程中应以产品的质量是否达到要求为准，最后修改、制定正确的工艺条件。

常见热固性塑料在压缩成型中发生质量问题的主要形式、原因及处理方法见表 2.7。

表 2.7　一般热固性塑料产生废品的类型、原因及处理方法

废品类型	产生的原因	处理的方法
1．表面起泡或鼓起	塑料中水分与挥发物的含量太大	将塑料进行干燥或预热后再加入模具
	模具过热或过冷	适当调节温度
	模压压力不足	增加压力
	模压时间过短	延长模压时间（指固化阶段）
	塑料压缩率太大，所含空气太多	将塑料进行预压或用适当的分配方式使之有利于空气的逸出。对于疏松状塑料，宜将塑料堆成山峰状，且不宜使峰顶平坦或下陷
	加热不均匀	改加热装置

废品类型	产生的原因	处理的方法
2．翘曲	塑料固化程度不足	增加固化时间
	模具温度过高或凹、凸两模的表面温差太大，致使制品各部间的收缩率不一致	降低温度或调整凹、凸两模的温差在±3℃的范围内，最好相同
	制品结构的刚度不足	设计制品时应考虑增加制品的厚度或增添加强筋
	制品壁厚与形状过分不规则致使料流固化与冷却不均匀，从而造成各部分的收缩不一致	改用收缩率小的塑料；相应调整各部分的温度；预热塑料；改进制品的设计
	塑料流动性太大	改用流动性小的塑料
	闭模前塑料在模内停留的时间过长	缩短塑料在闭模前停留于模内的时间
	塑料中水分或挥发物含量太大	可用制品在模具内冷却的方法消除，但如此即延长模压周期或需要几副模具，对生产不够经济。若有特殊需要也可采用
3．欠压（制品没有完全成型，不均匀，制品全部或局部成疏松状）	压力不足	增大压力
	上料分量不足	增加料量
	塑料的流动性大或小	改用流动性适中的塑料，或对于模压流动性大的塑料缓缓加大压力；而对于模压流动性小的塑料则增大压力并降低温度
	闭模太快或排气太快，使塑料自模具溢出	减慢闭模与排气的速度
	闭模太慢或模具温度过高，以致有部分塑料发生过早的固化	加快闭模或降低模具温度
4．裂缝	嵌件与塑料的体积比率不当或配入的嵌件太多	制品应另行设计或改用收缩率小的塑料
	嵌件的结构不正确	改用正确的嵌件
	模具设计不当或推出装置不好	改正模具或推出装置的设计
	制品各部分的厚度相差太大	改正制品的设计
	塑料中水分和挥发物含量太大	预热塑料
	制品在模内冷却时间太长	缩短或免去在模内冷却的时间
5．表面灰暗	模面粗糙太大	仔细清理模具并加强维护；抛光或镀铬
	润滑剂质量差或用量不够	改用适当的润滑剂
	模具温度过高或过低	校正模具温度
6．表面出现斑点或小缝	塑料内含有外来杂质，尤其是油类物质；或者是模具没有得到很好的清理	塑料应过筛，防止外来杂质的沾染，仔细清理模腔
7．制品变色	模具温度过高	降低模温
8．粘模	塑料中可能无润滑剂或用量不当	塑料内应加入适当的润滑剂
	模面粗糙度大	减小模面粗糙度
9．飞边太厚	上料分量过多	准确加料
	塑料流动性太小	预热塑料，降低温度及增大压力
	模具设计不当	改正设计错误
	导销的套筒被堵塞	清理套筒
10．表面呈橘皮状	塑料在高压下闭模太快	降低闭模速度
	塑料流动性太大	改用流动性较小的塑料或将原用塑料进行烘焙
	塑料颗粒太粗	预热塑料，将粗颗粒模压成薄壁长流距的制品
	塑料水分太多（暴露太多）	进行干燥

续表

废品类型	产生的原因	处理的方法
11．脱模时呈柔软状	塑料固化程度不够	增长模压周期（指固化阶段）或者提高模压温度
	塑料水分太多	预热塑料
	模具上润滑油用得太多	不用或少用
12．制品尺寸不合要求	上料量不准	调整上料量
	模具不精确或已磨损	修理或更换模具
	塑料不合规格	改用符合规格的塑料
13．电性能不合要求	塑料水分太多	预热塑料
	塑料固化程度不够	增长模压周期或提高模温
	塑料中含有金属污物或油脂等杂质	防止外来杂质
14．力学强度差与化学性能低劣	塑料固化程度不够，一般是由模温太低造成的	增加模具温度与模压周期（指固化阶段）
	模压压力不足或上料量不够	增加模压压力和上料量

2.4 压注模塑工艺

1．压注模塑概述

（1）压注模塑的原理。压注模塑又称挤塑成型或传递模塑，也是常见的一种热固性塑料的成型方法，其原理如图 2.16 所示。

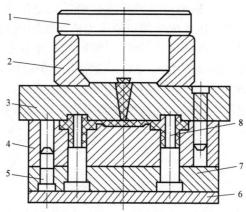

1—柱塞；2—加料腔；3—上模座板；4—凹模；5—导柱；6—下模座板；7—型芯固定板；8—型芯

图 2.16 移动式传递模塑原理图

上、下模闭合后，将塑料原材料（粉料或预压锭料）放入已加热到一定温度的模具加料腔中，经过一段时间使其熔融。在柱塞的压力作用下，熔体经过模具浇注系统注入型腔，熔体在型腔中继续加热，并受到柱塞的压力作用，发生交联反应而固化成型。最后打开模具取出制品。

（2）压注模塑的特点。

① 塑料成型前模具已完全闭合，溢料情况减轻，分型面上的飞边较薄，因而塑料的精

度容易保证，表面质量较好。

② 加料腔与型腔完全分开，塑料是在加料腔中受热熔融，待塑化好后再注入型腔（类似注射模），因此，可成型深孔和形状复杂的制品，也可成型有精细嵌件的制品。

③ 压注模塑具有补料的功能。加料量不再要求很精确，可以稍多一些。这样塑料制品的密度和强度可以得到提高。

④ 塑料在型腔中的保压时间缩短，提高了生产效率，降低了模具的磨损。模具材料要求相对较低。

⑤ 压注模具有浇注系统，熔体高速注入型腔，会产生较大的摩擦热，使熔体升温。这样模具温度可适当降低（130～190℃），充模时间缩短（10～30s），流道压力损失较大，所以传递成型压力较高（为 50～120MPa）。

⑥ 压注成型模具结构较复杂，制造成本较高。

⑦ 压注模具因有浇注系统，存在流道凝料，而热固性塑料又不具有二次利用性能，必然造成材料的较大浪费，并且制品有浇口痕迹，增加整修工作量。

⑧ 成型工艺条件较压缩成型要求严格，增加了操作难度。

2. 压注成型的工艺过程

压注成型的工艺过程与压缩成型基本相似，只是操作略有差异。压缩成型是先放料后合模，而压注成型是先合模再放料。压缩成型塑料塑化和加压同时进行，压注成型是先塑化，塑化好后再加压并经浇注系统变速注入型腔，继续加热受压而固化成型。

3. 压注成型工艺条件

（1）成型压力。压注成型的压力可参考压缩成型的成型压力。因压注成型的浇注系统会造成一定的压力损失，所以，压注成型的成型压力应比压缩成型稍高一些。

（2）成型温度。传递成型中塑料经过浇注系统时能从中获取一部分摩擦热，因而模具的成型温度一般可比压缩成型温度低 15～30℃，通常为 130～190℃。

（3）保压时间。由于塑料在热和压力下高速经过浇注系统，加热迅速而均匀，塑料的化学反应也较均匀。塑料进入型腔时，已临近树脂固化的最后温度，故保压时间与压缩成型相比较，可以短一些。

习题 2

1. 填空题

（1）注射成型工艺流程包括_____、_____、_____三个主要内容。

（2）熔体充满型腔及冷却定型的过程中包括_____、_____、_____、_____四个过程。

（3）塑料制品消除内应力一般采用_____、_____两种方法。

（4）注射成型过程中最主要的工艺条件是_____、_____和_____。

（5）注射成型过程中需要控制的温度有_____、_____和_____。

（6）模具的定模装在注射机的_____上，动模装在_____上。

2. 判断题

（1）塑化程度的好坏与产品的质量无直接关系。（　　）

（2）塑化过程中完全是靠外部加热实现的。（　　）

（3）压实阶段时间的长短会直接影响制品的收缩率。（　　）

（4）所有塑料制品都必须进行退火处理。（　　）

（5）模具温度一定要大于塑料的玻璃化温度。（　　）

（6）非结晶塑料中黏度较大的应采用较高的模温。（　　）

（7）一般来说，结晶型塑料应取较高的模温。（　　）

（8）壁厚越大的塑料制品应选用较高的模温。（　　）

（9）塑化压力越大越好。（　　）

（10）热敏性塑料应选取较大的塑化压力。（　　）

（11）注射压力的最佳值是由理论上来决定的。（　　）

（12）注射时间一般为 1min 左右。（　　）

（13）最大注射量应该是塑料制品所需塑料量的 80%。（　　）

（14）注射压力与型腔中的压力大小是一样的。（　　）

（15）喷嘴的圆弧半径应大于主流道衬套的圆弧半径。（　　）

（16）压缩成型主要用于热固性塑料的成型。（　　）

（17）热固性塑料会发生交联反应。（　　）

（18）压缩成型时模具温度一定比塑料温度高一些。（　　）

3. 问答题

（1）注射机的基本作用有哪些？

（2）螺杆式注射机有何优点？

（3）成型前的准备工作有哪些内容？

（4）对塑化的要求是什么？

（5）快速充模和慢速充模各有什么特点？

（6）压实阶段有什么作用？

（7）冷却速度太快会造成什么后果？

（8）对塑料制品进行退火处理可取得什么效果？

（9）料筒温度是如何分布的？

（10）喷嘴温度是如何选择的？

（11）模具温度选择不恰当会造成什么后果？

（12）模具温度的选择主要由哪些因素决定？

（13）注射压力大小取决于哪些因素？

（14）注射压力大和注射压力小各有哪些特点？

（15）注射机主要由哪几部分组成？

（16）压缩成型有何优、缺点？

（17）压缩成型工艺过程有哪些？

（18）压缩成型过程中成型压力对制品的性能和成型有何影响？

（19）压缩成型时的成型压力如何选择？

（20）压缩成型时如何选用模压时间？

（21）传递模塑有何特点？

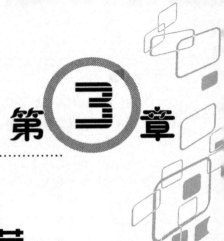

第 3 章

塑料制品的工艺

要成功地生产出一个良好的、能满足预定使用要求的塑料制品，必须从材料选择、产品设计、模具设计、成型工艺四个方面综合考虑。

在塑料制品的生产过程中，塑料制品的设计起着十分重要的作用。塑料制品的设计包含三个方面：造型结构设计、功能结构设计、工艺结构设计。

造型结构设计是指产品的外观结构设计，它要求所设计的塑料制品要尽量地给人以美观、舒适的感觉，制品要符合人体工程学的原理。

功能结构设计要使制品能满足使用要求，确定实现塑料制品使用功能的形状、尺寸和壁厚。塑料制品结构设计要作静载荷下短时间和长时间的形变校核；要作动载荷下冲击、疲劳、滞后热和磨损等校核。

塑料制品的工艺结构是否合理是塑料制品是否能正确产生出来的前提，它不仅关系到塑料制品的质量，而且还关系到塑料制品的生产效率和成本。

3.1　塑料制品的结构工艺特点

3.1.1　塑料制品的尺寸、尺寸公差

塑料制品的尺寸在这里主要是指制品的总体尺寸，不包含壁厚、孔径等结构尺寸。由于塑料流动性的限制，对于流动性差的塑料或薄壁制品，若采用注射模塑和传递模塑时，制品尺寸不宜过大，以免熔体不能充满型腔或形成熔接痕，从而影响其外观和强度。此外，压缩模塑制品尺寸受到压力机最大压力及台面尺寸的限制，注射模塑制品的尺寸受到注射机的公称注射量、合模力和模板尺寸的限制。

塑料制品的尺寸公差大小，直接影响到塑料制品在装配时的互换性和使用性能。一般情况下，制品设计图要标注尺寸公差和形状位置公差。

1. 影响塑料制品尺寸精度的因素

（1）塑料材料。塑料注射模塑在高温高压的熔融状态下流动，充满型腔。通常各种熔体温度在 170～300℃，然后被冷却固化，脱模温度在 20～100℃之间。塑料材料有比金属材料大 2～10 倍的线膨胀系数。不同塑料有不同的成型收缩率。热固性塑料的成型收缩率较

小，在 1%以下。常用塑料在采用注射模塑工艺时的成型收缩率见表 3.1。成型收缩率越大，其尺寸的波动范围也越大。

表 3.1　常用塑料的成型收缩率范围

塑料	收缩率	塑料	收缩率
注射用酚醛塑料	0.008～0.011	聚丙烯	0.010～0.025
聚苯乙烯	0.002～0.006	高密度聚乙烯	0.020～0.050
高抗冲聚苯乙烯	0.002～0.006	低密度聚乙烯	0.015～0.050
ABS	0.003～0.008	聚酰胺-6	0.007～0.014
AS	0.002～0.007	聚酰胺-66	0.015～0.022
聚甲基丙烯酸甲酯	0.002～0.008	聚酰胺-610	0.010～0.020
聚碳酸酯	0.005～0.007	聚酰胺-1010	0.010～0.020
硬聚氯乙烯	0.002～0.005	聚对苯二甲酸乙二醇酯	0.012～0.020
聚苯醚	0.007～0.010	聚对苯二甲酸丁二醇酯	0.014～0.027

（2）塑料制品的结构。塑料制品的结构会影响到制品的精度，加强筋的合理设置，可提高塑料制品的刚性；塑料制品的壁厚均匀一致，形体又对称，可使塑料制品收缩均衡；采用金属嵌件能减少翘曲变形。这些都有利于提高塑料制品的尺寸精度。

（3）塑料模具。对于小尺寸的塑料制品，模具的制造误差占整个塑料制品公差的 1/3。模具型腔和型芯的磨损，包括型腔表面的修磨和抛光，所造成的成型零件误差占塑料制品公差的 1/6。单型腔模塑的成型制品的精度较高。模具的型腔数目每增加一个，就要降低塑料制品的 5%的精度。模具上运动的零件所成型的塑料制品的尺寸，其精度较低。模具上浇注系统与冷却系统设计不合理，会使成型塑料制品的收缩不均匀。脱模机构的作用力不当，也会使被顶出塑料制品变形。这些都会影响注射成型塑料制品的质量。

（4）加工工艺。注射周期各阶段的温度、压力和时间都会影响塑料制品的收缩、取向和残余应力。

2．塑料制品的尺寸公差的选用

塑料制品的公差等级的选用见附录 E。塑料制品的公差被分成 7 个精度等级，MT1 级精度较高，一般不采用。附录 E 中只列出公差值，基本尺寸的上、下偏差可根据工程的实际需要分配。由于在成型中受到各种因素影响，可能造成误差较大的尺寸。例如，压缩模塑制品的高度尺寸，其公差值取表中数值再加上附加值：1～2 级精度附加 0.05mm，3～5 级精度附加 0.1mm，6～8 级精度附加 0.2mm。另外，对于塑料制品上的自由尺寸可按表 3.2 中的未注公差尺寸选用公差等级。附录 E 中还分别给出了受模具活动部分影响的尺寸公差值和不受模具活动部分影响的尺寸公差值。应该指出，对于塑料制品上孔的公差可采用基准孔，可取表中数值冠以"+"号，对于塑料制品上轴的公差可采用基准轴，可取表中数值冠以"–"号。对于两孔的中心距尺寸，可取表中数值的一半冠以"±"号。

一般配合部分尺寸精度高于非配合部分尺寸精度，受塑料制品收缩率波动的影响，小尺寸易达到高精度。塑料制品的精度要求越高，模具的制造难度及成本也增高，模具的制造精度要求也越高，同时塑料制品的废品率也会增加。因此，在塑料制品材料和工艺条件一定的情况下，应该参照表 3.2 合理地选用公差等级。

表 3.2　常用塑料制品公差等级和选用（GB/T 14486—1993）

塑料代号	塑料名称		公差等级		
			标注公差尺寸		未注公差尺寸
			高精度	一般精度	
ABS	丙烯腈—丁二烯—苯乙烯共聚物		MT2	MT3	MT5
AS	丙烯腈—苯乙烯共聚物		MT2	MT3	MT5
CA	醋酸纤维素塑料		MT3	MT4	MT6
EP	环氧树脂		MT2	MT3	MT5
PA	尼龙类塑料	无填料填充	MT3	MT4	MT6
		玻璃纤维填充	MT2	MT3	MT5
PBTP	聚对苯二甲酸丁二醇酯	无填料填充	MT3	MT4	MT6
		玻璃纤维填充	MT2	MT3	MT5
PC	聚碳酸酯		MT2	MT3	MT5
PDAP	聚邻苯二甲酸二丙烯酯		MT2	MT3	MT5
PE	聚乙烯		MT5	MT6	MT7
PESU	聚醚砜		MT2	MT3	MT5
PETP	聚对苯二甲酸乙二醇酯	无填料填充	MT3	MT4	MT6
		玻璃纤维填充	MT2	MT3	MT5
PF	酚醛塑料		MT2	MT3	MT5
			MT3	MT4	MT6
PMMA	聚甲基丙烯酸甲酯		MT2	MT3	MT5
POM	聚甲醛		MT3	MT4	MT6
			MT4	MT5	MT7
PP	聚丙烯		MT3	MT4	MT6
			MT2	MT3	MT5
			MT2	MT3	MT5
PPO	聚苯醚		MT2	MT3	MT5
PPS	聚苯硫醚		MT2	MT3	MT5
PS	聚苯乙烯		MT2	MT3	MT5
PSU	聚砜		MT2	MT3	MT5
RPVC	硬质聚氯乙烯（无强塑剂）		MT2	MT3	MT5
SPVC	软质聚氯乙烯		MT5	MT6	MT7
VF/MF	氨基塑料和氨基酚醛塑料	无机填料填充	MT2	MT3	MT5
		有机填料填充	MT3	MT4	MT6

3.1.2　脱模斜度

　　塑料制品在冷却或固化过程中将产生尺寸的变化，会围绕凸模和型芯产生收缩和包紧。为了便于塑料制品的脱模，防止塑料制品脱模时擦伤制品的表面，常使沿脱模方向的制品的表面与脱模方向夹一个较小的锐角，所夹的锐角即为脱模斜度，又称拔模斜度或拔模角，常用字母 α 表示。其大小主要取决于塑料的收缩率、塑料制品的形状和壁厚及制品的部位。

1. 确定脱模斜度大小的原则

常用塑料的脱模斜度见表 3.3。在一般情况下，脱模斜度为 30'～1°30'，但塑料制品的脱模斜度应根据具体的情况而定，其大小可按如下原则进行。

表 3.3　塑料制品的脱模斜度

塑料	脱模斜度α	
	型腔	型芯
通用塑料	20'～40'	25'～40'
增强塑料	20'～50'	20'～40'
聚乙烯	20'～45'	25'～45'
聚甲基丙烯酸甲酯	35'～1°30'	30'～1°
聚苯乙烯	35'～1°30'	30'～1°
聚碳酸酯	35'～1°	30'～50'
ABS 塑料	35'～1°20'	35'～1°
聚酰胺	40'～1°30'	35'～1°20'

（1）若制品所用塑料的收缩率较大，则制品采用较大的脱模斜度。

（2）当制品有特殊要求或精度要求较高时，应选用较小的脱模斜度。制品外表面的脱模斜度可小至 5'，内表面斜度可小至 10'～20'。

（3）高度不大的塑料制品，可以不要脱模斜度；尺寸较高、较大的制品可选用较小的脱模斜度。

（4）形状复杂、不易脱模的制品，应取较大的脱模斜度。

（5）制品上的凸起或加强筋单边应有 4°～5° 斜度。侧壁带皮革花纹应有 4°～6° 的斜度，每 0.025mm 花纹深度要取 1° 以上的脱模斜度；制品壁厚大的应选较大的脱模斜度。壳类塑料制品上有成排网格孔板时，要取 4°～8° 以上型孔斜度。孔越多越密，斜度越大。

在开模时，为了让制品留在凸模上，内表面斜度比外表面斜度要小些；相反，为了让制品留在凹模一边，则外表面的斜度比内表面斜度要小些。一般脱模斜度值不包括在塑料制品尺寸的公差范围内，但当塑料制品精度要求高时，脱模斜度应包括在公差范围内。

脱模斜度还具有方向性。内孔以小端为基准，符合图样要求，斜度由扩大方向得到；外形以大端为基准，符合图样要求，斜度由缩小方向得到，如图 3.1 所示。

2. 确定脱模斜度的注意事项

在确定脱模斜度的过程中，要注意考虑三方面的关系。

（1）塑料制品尺寸精度和制品有特殊要求时，脱模斜度造成的制品尺寸误差必须限制在该尺寸精度的公差之内并能满足特殊要求。

（2）为避免或减小脱模力过大而损伤塑料制品，对于收缩较大，形状较复杂，型芯包紧面积较大的塑料制品，应该考虑较大的脱模斜度。

（3）为使注塑开模后，塑料制品留在动模一侧的型芯上，可以考虑塑料制品的内表面取较小的脱模斜度。

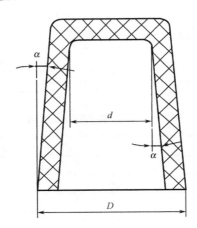

图 3.1　塑料制品中脱模斜度的方向性

3．脱模斜度的表示方法

塑料制品上脱模斜度可以用线性尺寸、角度、比例三种方式来标注。

（1）用线性尺寸标注脱模斜度的图例，如图 3.2（a）所示。这种标注法可以直接地给出一个具体的斜度值，斜度值与塑料制品该部分表面的高度或长度有关。还可以用塑料制品的表面两端的尺寸来表示其脱模斜度，例如，塑料制品为圆柱形表面，就可以用该表面两端的大小直径来表示其脱模斜度。

（2）用角度表示脱模斜度，如图 3.2（b）所示。对于塑料制品某一部分表面的任何高度或长度，斜角都保持不变，能够广泛地选用斜度的测试单位，对模具零件的加工极为方便，这种表示方法较普遍。

（3）用比例标注法。例如，用 1:50，1:100 等表示脱模斜度，也很直观，如图 3.2（c）所示。

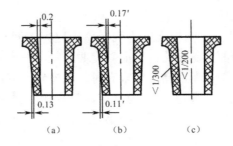

图 3.2　脱模斜度的表示方法

3.1.3　表面质量与缺陷及表面整饰

塑料制品的表面质量包括有无斑点、条纹、凹痕、起泡、变色等缺陷，还有表面光泽性和表面粗糙度。表面缺陷必须避免，表面光泽性和表面粗糙度应根据塑料制品使用要求而定，尤其是透明制品，对光泽性有严格的要求。

塑料制品表面经常通过添加涂饰层、镀层、彩色图案或字样来进行表面整饰。表面整饰一般分为装饰性表面整饰和功能性表面整饰。

装饰性表面整饰主要为提高塑料制品的装饰效果，获得好的制品外观，提高塑料制品的耐候性、耐溶剂性、耐磨性和防尘效果，主要整饰方法有涂料、染色、印刷、表面热压印等形式。

功能性表面整饰主要为提高塑料制品表面的硬度、抗划伤和擦伤、表面的导电性，改善耐热、耐光及耐化学品侵蚀的能力，主要整饰方法有涂料涂饰和表面金属化等形式。

3.1.4　塑料制品的壁厚

塑料制品的壁厚应根据塑料制品的使用要求，例如，强度、刚度、尺寸大小、电气性能及装配要求等。同时其他的形体和尺寸，如加强筋和圆角等，都是以壁厚为参照。塑料制品的壁厚一般在 1～4mm 范围内。塑料制品壁厚过大，则材料消耗增大，成型效率降低，使塑料制品的成本提高，同时，还易产生真空泡、开裂、凹陷、翘曲等缺陷，塑料制品的壁厚过小，易脱模变形或破裂，不能满足使用要求，而且成型困难。

1．壁厚设计的原则

塑料制品的壁厚大小主要取决于塑料品种、制品大小及模塑工艺条件。热固性塑料的小型件，壁厚取 1～2mm；大型件取 3～8mm。根据塑料制品的外形尺寸推荐的常用热固性塑料制品的壁厚推荐值见表 3.4。热塑性塑料易于成型薄壁制品，壁厚可达 0.25mm，但一般不宜小于 0.6～0.9mm，常取 2～4mm。热塑性塑料制品的最小壁厚及常用壁厚推荐值见表 3.5。

表 3.4　热固性塑料制品的壁厚推荐值　　　　　　　　　　　单位：mm

塑料	塑料制品的外形高度尺寸		
	＜50	50～100	＞100
粉状填料的酚醛塑料	0.7～2	2.0～3	5.0～6.5
纤维状填料的酚醛塑料	1.5～2	2.5～3.5	6.0～8.0
氨基塑料	1.0	1.3～2	3.0～4.0
聚酯玻璃纤维填料的塑料	1.0～2	2.4～3.2	＞4.8
聚酯无机物填料的塑料	1.0～2	3.2～4.8	＞4.8

表 3.5　热塑性塑料制品的最小壁厚及常用壁厚推荐值　　　　单位：mm

塑料	最小壁厚	小型塑料制品推荐壁厚	中型塑料制品推荐壁厚	大型塑料制品推荐壁厚
尼龙	0.45	0.76	1.5	2.4～3.2
聚乙烯	0.6	1.25	1.6	2.4～3.2
聚苯乙烯	0.75	1.25	1.6	3.2～5.4
改性聚苯乙烯	0.75	1.25	1.6	3.2～5.4
有机玻璃（372℃）	0.8	1.50	2.2	4～6.5
硬聚氯乙烯	1.2	1.60	1.8	3.2～5.8
聚丙烯	0.85	1.45	1.75	2.4～3.2
氯化聚醚	0.9	1.35	1.8	2.5～3.4
聚碳酸酯	0.95	1.80	2.3	3～4.5

塑料	最小壁厚	小型塑料制品推荐壁厚	中型塑料制品推荐壁厚	大型塑料制品推荐壁厚
聚苯醚	1.2	1.75	2.5	3.5～6.4
醋酸纤维素	0.7	1.25	1.9	3.2～4.8
乙基纤维素	0.9	1.25	1.6	2.4～3.2
丙烯酸类	0.7	0.9	2.4	3.0～6.0
聚甲醛	0.8	1.40	1.6	3.2～5.4
聚砜	0.95	1.80	2.3	3～4.5

在满足工作要求和工艺要求的前提下，塑料制品的壁厚设计应遵循以下两条原则。

（1）尽量减小壁厚。减小壁厚不仅可以节约材料，节约能源，也可以缩短成型周期。

（2）尽可能保持壁厚均匀。塑料制品壁厚不均匀时，成型中各部分所需冷却时间不同，收缩率也不同，容易造成塑料制品的内应力和翘曲变形。因此，设计塑料制品时应尽可能减小各部分的壁厚差别，一般情况下应使壁厚差别保持在 30%以内。图 3.3（a）所示为不合理的结构，图 3.3（b）所示为合理的结构设计。有时为了使可能产生的熔接痕出现在适当的位置，有意改变制品的壁厚，如图 3.4 所示，为了保证制品顶部的质量，必须增大顶部厚度，即 $t_1 > t$，使熔体流动畅通，避免熔接痕产生于顶部。

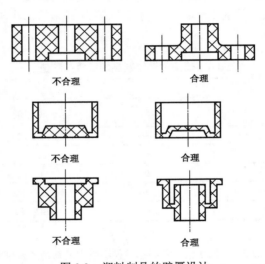

图 3.3　塑料制品的壁厚设计

2．减小壁厚差的方法

对于由于塑料制品结构所造成的壁厚差别过大的情况，可采取如下两种方法减小壁厚差。

（1）将塑料制品过厚部分挖空，如图 3.3（b）后两个塑件所示。

（2）将塑料制品分解，即将一个塑料制品设计为两个或两个以上的塑料制品，此法在不得已时采用。

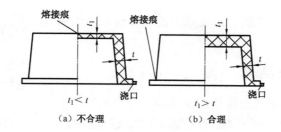

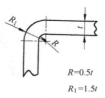

图 3.4 塑料制品的不均匀壁厚

3.1.5 圆角

塑料制品的面与面之间一般均应采用圆弧过渡，这样不仅可避免塑料制品尖角处的应力集中，提高塑料制品强度，而且可改善物料的流动状态，降低充模阻力，便于充模。另外，塑料制品转角处的圆角对应于模具上的圆角，有时可便于模具的加工制造及模具强度的提高，避免模具在淬火或使用时应力开裂。塑料制品转角处的圆角半径通常不要小于 0.5～1mm，在不影响塑料制品使用的前提下应尽量取大些。对于内外表面的转角处，可采用如图 3.5 所示的圆角半径，以减小应力集中，并能保证壁厚的均匀一致。对于使用上要求必须以尖角过渡或受模具结构限制（如分型面处、成型零件的镶嵌配合处），不便采用圆角过渡之处，则仍以尖角过渡。

$$R=0.5t$$
$$R_1=1.5t$$

图 3.5 塑料制品圆角半径的确定

3.1.6 支承面

当塑料制品需有一个支承面时，例如，容器、罩、壳及其他带有底部支承面的塑料制品，这些塑料制品在使用时不宜采用整个底面作为支承面，因为稍许的翘曲或变形就会使整个底面不平，如图 3.6（a）所示，影响塑料制品的使用性能。此时，塑料制品的设计通常采用环形凸边，如图 3.6（b）所示，或数个凸起的支脚作为支承面，如图 3.6（c）、（d）所示，应该注意环形凸边支承面或支承底脚高度不应小于 0.5mm，否则底面变形也会使塑料制品不能平稳地放置。

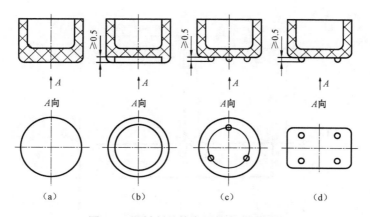

图 3.6 塑料制品的底面的支承面设计

当塑料制品底部有加强筋时，支承面的高度应略高于加强筋，如图 3.7 所示。

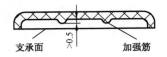

图 3.7 支承面与加强筋的关系

3.1.7 加强筋及加强结构

塑料制品上设置加强筋或其他加强结构的目的是为了在不增加塑料制品壁厚的情况下增加塑料制品的强度和刚度，防止塑料制品变形。

1. 加强筋

塑料制品上设置加强筋不仅能增加塑料制品的强度和刚度，同时，还能改善塑料熔体的流动性，降低物料的充模阻力，避免了塑料制品壁厚的不均匀，避免气泡、缩孔和凹陷等成型缺陷，节约塑料原材料等。图 3.8（a）和（c）所示的壁厚大而不均匀，而图 3.8（b）和（d）所示采用了加强筋，壁厚均匀，避免了缺陷的产生。

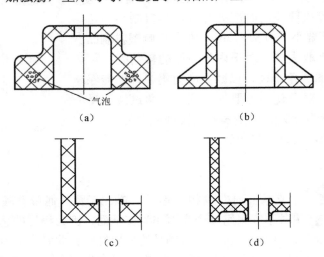

图 3.8 采用加强筋减小壁厚

加强筋的形式和尺寸如图 3.9 所示。

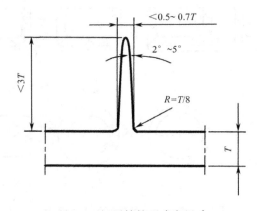

图 3.9 加强筋的形式和尺寸

注意

加强筋布置的注意事项：

（1）加强筋应设在受力大、易变形的部位，其分布应尽量均匀。

（2）避免设加强筋后使塑料制品局部塑料集中，壁厚过大。图 3.10（a）所示的塑料局部集中，为不良设计，而图 3.10（b）所示的结构形式较好。

（3）尽量沿着塑料流向布置，以降低充模阻力。

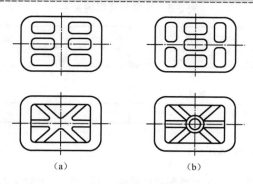

图 3.10　加强筋的布置

2．其他加强结构

除采用加强筋外，薄壳状塑料制品设计成球面或拱面，既可使塑料制品美观好看，也可以有效地增加刚性和防止变形，如图 3.11 所示。薄壁容器边缘的加强，如图 3.12 所示。

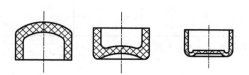

图 3.11　容器底和盖的加强结构设计

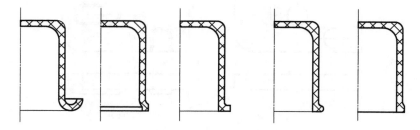

图 3.12　容器边缘的加强结构设计

3.1.8　孔

根据使用要求，例如，连接固定、装配，或者装饰等，在塑料制品上常需设有许多不同形状和尺寸的孔。常见的有通孔、盲孔、螺纹孔和异形孔等。针对这些孔的设置与成型，有以下一些要求。

1. 孔的位置选择

孔与孔之间、孔与边缘之间应留一定距离，以不影响塑料制品的强度为准。为了便于成型及满足孔的质量要求，直接成型的孔的深度不能过大，孔径与孔深的关系见表 3.6。如图 3.13（a）所示的塑料制品，其孔间距、孔边距若小于表 3.7 中规定的数值，则应将其设计成如图 3.13（b）所示的结构形式。

表 3.6　孔径与孔深的关系

孔的形式 ＼ 成型方式		孔的深度	
		通孔	不通孔
压塑	横孔	2.5d	<1.5d
	竖孔	5d	<2.5d
挤出模塑或注射模塑		10d	4~5d

注：1. d 为孔的直径。

　　2. 采用纤维状塑料时，表中数值乘系数 0.75。

表 3.7　热固性塑料孔间距、孔边距与孔径的关系

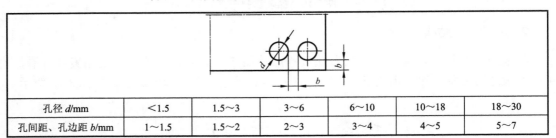

孔径 d/mm	<1.5	1.5~3	3~6	6~10	10~18	18~30
孔间距、孔边距 b/mm	1~1.5	1.5~2	2~3	3~4	4~5	5~7

注：1. 热塑性塑料为热固性塑料的 75%。

　　2. 增强塑料宜取大。

　　3. 两孔径不一致时，则通过小孔的孔径查表。

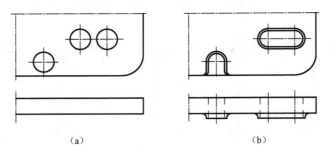

（a）　　　　　　　　　　　　（b）

图 3.13　孔间距或孔边距过小时的改进设计

2. 塑料制品上的固定孔与其他受力孔的设计

塑料制品上起安装固定作用的孔，为了满足其强度要求，可在孔的周围采用凸边结构予以加强，如图 3.14 所示。固定用的螺钉孔位其结构形式如图 3.15 所示。

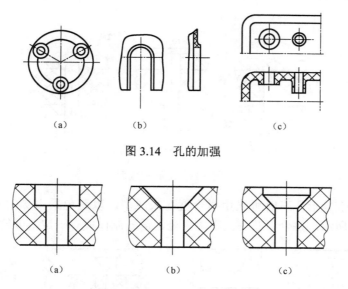

图 3.14　孔的加强

图 3.15　固定用螺钉孔的形式

3．孔的成型

成型塑料制品孔的型芯的安装方式，盲孔只能用一端固定的型芯来成型，如图 3.16 所示。若孔不深，模具的型芯有足够的强度和刚度，则可按如图 3.16（a）所示设计；若孔太深，则型芯较长，易出现弯曲和折断的现象，因此设计时，盲孔的深度不宜太深。受型芯长径比的限制。对于注射成型，孔深不得大于孔径的 4 倍。压塑成型时，垂直于压塑方向的孔深为孔径的 2 倍，平行于压塑方向上的孔深一般不超过孔径的 2.5 倍。若塑料制品上确需较深的盲孔，且孔的位置垂直于压塑方向，在型芯下面应设置防止型芯弯曲的支承柱，如图 3.16（b）所示。支承柱的形状将要复制在塑料制品上，此工艺孔应在设计图上事先考虑。

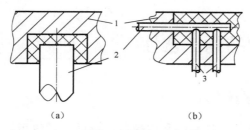

1—型腔；2—型芯；3—支承柱

图 3.16　盲孔的成型

通孔常有三种方式，如图 3.17 所示。图 3.17（a）所示是由一端固定的型芯来成型，孔的一端有不易修整的飞边，且型芯易弯曲；图 3.17（b）所示是由两个对接型芯来成型，两型芯对接处易产生飞边，且不易保证两型芯的同轴度，这时常将一个型芯的直径设计成比另一个大 0.5～1mm，这样即使两型芯有一定的同轴度误差，也不致引起塑料制品安装或使用过程中的困难，型芯长度的缩短也增加了其强度和刚度；图 3.17（c）所示是由一个一端固定、另一端导向支承的型芯来成型，这样型芯的强度、刚度高，而且产生的纵向飞边易去除，此法较为常用。

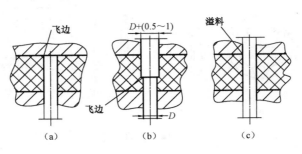

图 3.17　通孔的成型

对某些斜孔或异形孔有时可采用拼合型芯来成型，以避免采用侧抽芯机构，简化模具结构，如图 3.18 所示。拼合型芯在上下碰合处，需要制作成有一定斜度的斜面。

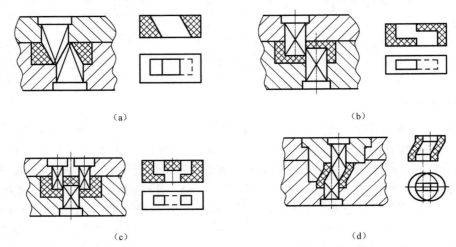

图 3.18　异形孔的成型

3.2　典型零件的结构工艺性

3.2.1　塑料制品上的螺纹

塑料制品上的螺纹可分为外螺纹和内螺纹，这两种螺纹可以在模塑时直接成型，也可在模塑后用机械切削加工的方法得到，对经常装拆和受力较大的螺纹，还可使用金属的螺纹嵌件。这里讨论模塑时直接成型塑料制品上的螺纹的设计要求。

内螺纹可采用活动的螺纹型芯成型，外螺纹则采用螺纹型环成型。螺纹型环多为瓣合模结构，这种方法成型时生产效率高，但精度差，飞边去除困难；对精度低的内螺纹用软塑料成型时，可强制脱模；应用较广的还是采用自动脱螺纹机构，将开模力（或电机的转动）通过传动机构使螺纹型芯或型环相对塑料制品转动，完成塑料制品螺纹的自动脱落，这种方式生产效率高，成型的螺纹精度较高。

在设计塑料制品上的螺纹时，应注意以下几点。

1．直径

为便于螺纹型芯和螺纹型环的加工，塑料制品螺纹的直径不应太小，一般外螺纹直径不小于 4mm，内螺纹直径不小于 2mm。

2．螺距

螺距不能太小，一般选用公制标准螺纹，M6 以上才可选用 1 级细牙螺纹，M10 以上可选 2 级细牙螺纹，M18 以上可选 3 级细牙螺纹，M30 以上可选 4 级细牙螺纹。

3．精度

由于影响塑料制品螺纹精度的因素较多，在满足使用要求的前提下，精度宜取低些，其公差可按金属螺纹的粗糙级选用。

4．配合长度

如果在确定模具上螺纹的螺距时没有考虑塑料的成型收缩率，当不同材料的塑料制品螺纹相配合时，其配合长度应不超过 7～8 牙。

5．螺纹始末端的形状

为防止塑料制品螺纹第一扣崩裂或变形，同时便于螺纹的旋合，内螺纹、外螺纹的两端均应设计无牙段，螺纹的始末部分均应有过渡段，如图 3.19 所示，塑料制件上螺纹始末部分尺寸规格见表 3.8。

表 3.8　塑料制件上螺纹始末部分尺寸

螺纹直径/mm	螺距（P_s）/mm		
	<0.5	>0.5	>1
	始末部分长度尺寸		
≤10	1	2	3
>10～20	2	2	4
>20～34	2	4	6
>34～52	3	6	8
>52	3	8	10

注：始末部分长度相当于车制金属螺纹时的退刀长度。

6．旋向

塑料制品螺纹的旋向常用右旋。当塑料制品上前、后有两段螺纹，采用同一螺纹型芯（或型环）成型时，如图 3.20 所示，应使两段螺纹的旋向相同、螺距相等，否则无法脱模。当螺距不等或旋向不同时，要采用组合型芯，成型后分段拆下。

3.2.2　塑料齿轮

塑料齿轮主要适用于精度和强度要求不太高的齿轮传动，在电子、仪表行业应用较多，其常用的塑料是聚酰胺、聚甲醛、聚碳酸酯、聚砜等工程塑料。

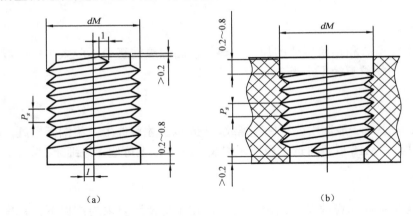

（a）　　　　　　　　　　　　（b）

图 3.19　塑料制品上螺纹的始端和末端的结构形式

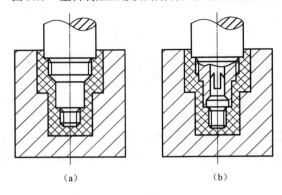

（a）　　　　　　　（b）

图 3.20　具有两段同轴螺纹的塑料制品的设计

1．齿轮的设计原则

为了使塑料制品适应注射成型工艺要求，对齿轮各部分尺寸作如下规定，以保证轮缘、辐板和轮毂有相应的厚度，如图 3.21 所示。

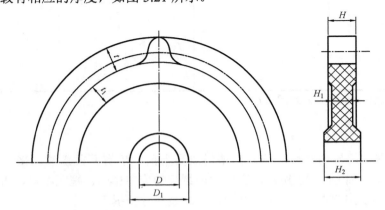

图 3.21　塑料齿轮各部分尺寸

（1）轮缘宽度 t_1 最小为齿高 t 的 3 倍。

（2）辐板厚度 H_1 应等于或小于轮缘厚度 H。

（3）轮毂厚度 H_2 等于或大于轮缘厚度 H，并相当于轴孔直径 D。

（4）轮毂外径 D_1 最小应为轴孔直径 D 的 $1.5 \sim 3$ 倍。

2．齿轮设计的注意事项

设计塑料齿轮时，还应注意避免在模塑、装配和使用时产生内应力或应力集中，避免由于收缩不均而变形。为此，应尽量避免截面的突然变化，圆角和弧度应尽可能取大些。轴与孔尽可能不采用过盈配合，而采用过渡配合。轴与齿轮孔的固定方法如图 3.22 所示，图 3.22（a）所示为轴与孔成月形配合，图 3.22（b）所示为轴与齿轮用销钉固定，前者较为常用。

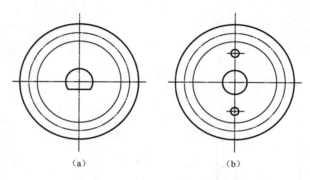

图 3.22　塑料齿轮与轴的固定形式

对于厚度较薄的齿轮，成型后易产生变形，造成齿形歪斜。结构上可采用无轮毂、无轮缘的形式，以改善其成型后可能产生的缺陷。

如图 3.23（a）所示，齿轮的轮缘和轮毂之间可采用薄筋连接，以减小成型后产生的收缩变形。

如图 3.23（b）所示，轮缘和轮毂之间采用薄筋连接时，则能保证轮缘向中心收缩。相互啮合的塑料齿轮宜用相同材料制成。

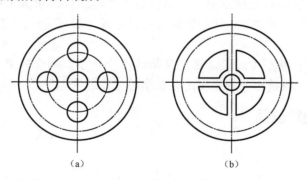

图 3.23　齿轮轮辐形式

3.2.3　铰链的设计

聚丙烯、聚乙烯、乙丙共聚物等塑料，具有优异的耐疲劳性，在箱体、盒盖、容器等塑料产品中可以直接成型为铰链（又称合页）结构。铰链结构能阻止非转动方向的位移，又能承受上万次的弯折，还能有效地减少装配零件的数目。

  铰链的截面形状如图 3.24 所示。铰链部分的厚度应尽量薄，一般取 0.25～0.38mm，通常不超过 0.5mm，其长度为 0.5mm；搭接长度约为 1.5mm。在模具设计时，浇口必须设置在铰链一侧，充模时塑料熔体必须流经铰链部分，使线性分子能沿其主链方向折弯，从而提高弯折寿命。

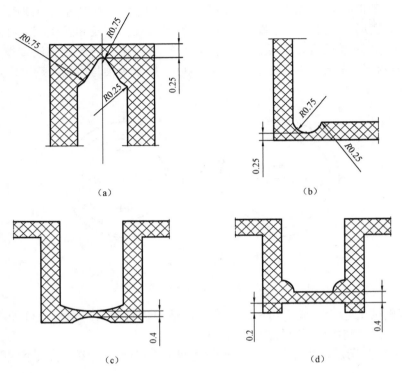

图 3.24 铰链的截面形状

  从模腔取出塑料制品后最好立刻人工弯曲若干次，这样，可大大提高其强度及疲劳寿命。对模塑铰链进行冲压再加工，让铰链部位材料经延伸后有进一步取向，可有效地改善铰链的强度和弯曲弹性。

  铰链部分的截面长度不可过长，否则弯折线不止一条，闭合效果不佳。壁厚的减薄过渡处，应以圆弧过渡。铰链部分的厚度，在制模时应使之均匀一致。

3.2.4 带嵌件的塑料制品

1．嵌件的作用

  在塑料制品内嵌入一些金属或其他类材料的零件，一般形成不可拆的连接，所嵌入的零件称为嵌件，这种制品称为带嵌件的塑料制品（又称嵌件模塑制品）。塑料制品中镶入嵌件的主要目的是为了提高塑料制品局部的强度、刚度、硬度、耐磨性、导电性、导磁性等，同时，也可增加塑料制品形状和尺寸的稳定性，提高精度，降低塑料的消耗及满足装饰要求等。嵌件的材料多采用金属，也可为玻璃、木材和已成型的其他塑料制品等。

2．嵌件的种类

常见的嵌件种类如图 3.25 所示，图 3.25（a）所示为带孔的圆筒形嵌件，孔有通孔和盲孔、螺纹孔与光孔之分；图 3.25（b）所示为圆柱形嵌件，有带螺纹和不带螺纹之分，其直径较小时，为针状嵌件；图 3.25（c）所示为片状嵌件；图 3.25（d）所示为汽车方向盘中的细杆状贯穿形嵌件；图 3.25（e）所示为有机玻璃表壳中嵌入黑色 ABS 塑料件嵌件。

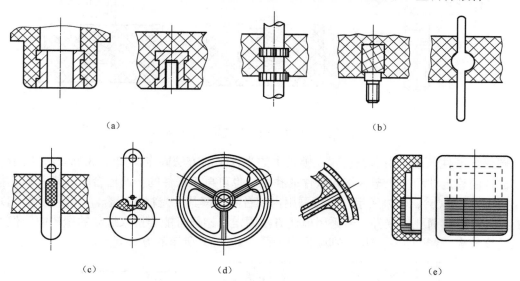

图 3.25　常见嵌件的种类和形式

3．设计带嵌件的塑料制品的注意事项

（1）保证嵌件周围的强度。为保证嵌件周围的强度，嵌件周围的塑料层应有一定的厚度，嵌件的外缘棱角应倒钝，以防止成型时由于塑料的收缩在嵌件周围产生较大的内应力及应力集中而使塑料制品开裂。在工艺上还可采用预热嵌件和对塑料制品进行后处理等方法来降低或消除嵌件周围的内应力，防止嵌件周围开裂。

（2）使嵌件在塑料制品中固定牢固。为防止嵌件受力时在塑料制品中转动或脱出，嵌件表面应有适当的伏陷物。嵌件的固定方式应根据其受力的类型和大小确定。圆筒形和圆柱形嵌件常采用滚花（菱形滚花或直纹滚花）或滚花加环状凹槽的方式固定，针状嵌件可采用折弯和压扁的方式固定，片状嵌件可采用冲孔、切口和折弯的方式固定，如图 3.26 所示。

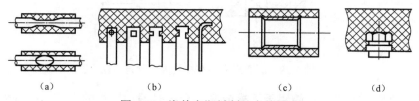

图 3.26　嵌件在塑料制品内的固定

（3）嵌件在模具中的安装固定。安装在模具中的嵌件在成型过程中受到料流的压力和冲击，就有可能发生位移或变形，同时塑料还有可能挤入嵌件的孔或螺纹的螺槽中，从而影响使用，因此嵌件在模具中必须可靠定位。圆柱形嵌件一般采用插入模具上相应的孔中的方法固定，如图 3.27 所示。为防止塑料挤入嵌件螺纹的螺槽中，可用嵌件上的一段光滑圆柱体部分和模具上的孔配合，如图 3.27（a）所示。图 3.27（b）所示采用一凸肩和模具配合，增大了配合部分的直径，以提高嵌件的稳定性。图 3.27（c）所示采用一凸出的圆环和模具配合，成型时，圆环被塑料压力压紧在模具上，可阻止塑料的挤入。

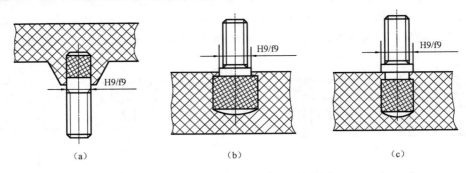

图 3.27　圆柱形嵌件在模具内的装固

　　圆筒形嵌件一般采用套在设置在模具中的光杆上的方法固定，如图 3.28（a）所示。为提高嵌件的稳定性和防止塑料挤入嵌件的孔中，也可再将嵌件的一凸出台阶和模具的孔相配合，如图 3.28（b）、（c）所示，也可采用内部台阶与模具中光杆相配合，如图 3.28（d）所示。对于带螺纹通孔的嵌件，若采用前述方法固定，塑料可能会挤入螺纹的螺槽中，但如果挤入长度较大，影响实际使用，则须采用如图 3.28（e）所示的方式固定。

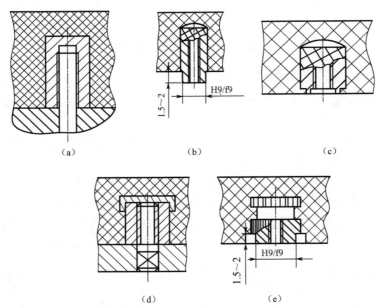

图 3.28　圆筒形嵌件在模具内的固定方法

　　以上嵌件的装固方式，只能用于下模或开、合模时振动较小的定模边的嵌件的安装。
　　杆形或环形的嵌件，在模具中伸出的自由长度不应超过定位部分直径的两倍，否则，在模塑时熔体压力会使嵌件位移或变形。当嵌件过高或使用细杆状或片状的嵌件时，应在模具上设支柱予以支承，如图 3.29 所示，但支柱在制品上留下的孔应不影响制品的使用。薄片状嵌件还可以在熔体流动方向上设孔，以降低熔体对嵌件的压力，如图 3.29（c）所示。

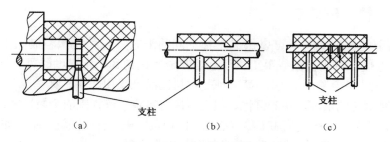

图 3.29　细长嵌件在模具内的支承形式

4．嵌件周围塑料裂纹

金属嵌件塑料制品在使用过程中，环境温度变化及塑料的老化，都会导致嵌件周围的塑料产生裂纹，所以要合理设计嵌件模塑制品的结构。

对于金属嵌件模塑制品，为避免嵌件周围的壁面产生裂纹，应有足够的厚度。常用塑料品种模塑制品中，金属嵌件周围最小壁厚尺寸见表 3.9。

表 3.9　不同直径金属嵌件周围最小壁厚设计推荐值

嵌件直径/mm ＼ 塑料	4	6	10	12	20	25
ABS	4	6	10	12	20	25
聚甲醛	6	4	5	6	10	12
丙烯酸塑料	2.4	4	5	6	10	12
纤维素塑料	4	6	10	12	20	25
EVA	1	2	不推荐	不推荐	不推荐	不推荐
FEP（四氟乙烯-六氟乙烯共聚物）	0.6	1.5	不推荐	不推荐	不推荐	不推荐
尼龙	4	6	10	12	20	25
聚苯醚（改性）	1.6	4	5	6	10	12
PC	1.6	4	5	6	10	12
HDPE	4	6	10	12	20	25
PS	不推荐	不推荐	不推荐	不推荐	不推荐	不推荐
PP	4	6	10	12	20	25
酚醛（通用级）	2.4	4	5	5.5	8	9
酚醛（中等冲击强度）	2	3.5	4	5	7	8
酚醛（高冲击强度）	1.6	3	3.5	5	7	8
脲醛	2.4	4	5	5.5	8	9
环氧树脂	0.5	0.75	1.0	1.3	1.5	1.8
醇酸树脂	4	5	5	8	9	10
DAP	4	5	6	8	9	10
聚酯（热固性）	2.4	4	4.5	5	6	7
聚酯（热塑性）	1.6	4	5	6	10	10
蜜胺	4	5	5.5	8	9	10

3.2.5　标记、符号及文字

塑料制品上的标记或符号可以做成三种不同的形式。一种是塑料制品上采用凸字，它在制模时比较方便，可用机械或手工将字迹处的金属挖刻到一定深度即可，但塑料制品上的凸字易碰坏，如图 3.30（a）所示。第二种是塑料制品上采用凹字，如图 3.30（b）所示，凹字可以涂上各种颜色的油漆，字迹鲜艳，但在制模时需将字迹周围的金属切削掉，加工困难，现多用于电铸、冷挤压、电火花加工等方法制造的模具。第三种为凹坑凸字，如图 3.30（c）所示，凸字不易损坏，模具采用镶嵌的方式制造，较为方便。

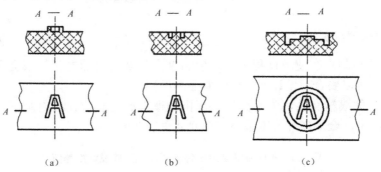

图 3.30　塑料制品上符号文字的结构形式

塑料制品上成型的文字符号，凸出高度应不小于 0.2mm，通常在 0.3～0.5mm 为宜；线条宽度在 0.3mm 以上，一般以 0.8mm 为宜，并使两线条的间距不小于 0.4mm。为防止塑料制品在使用过程中将凸起的字符损坏，标记处应稍低于制品表面，或在标记外侧设一保护边框，边框可比字体高出 0.3mm 以上；标记或符号的脱模斜度应大于 1°。

习题 3

问答题

（1）塑料制品的工艺性包括哪些内容？塑料制品在结构设计时应考虑哪些因素？

（2）影响塑料制品的尺寸精度的因素有哪几个方面？怎样选用塑料制品的精度等级和尺寸公差？

（3）什么是脱模斜度？在确定塑件的脱模斜度时要考虑哪些相关因素？如何选取塑件脱模斜度的取值范围？

（4）塑件表面质量与缺陷的内容包括哪些？怎样提高塑件的表面质量？

（5）怎样确定塑件的壁厚？其取值如何？设计塑件壁厚时要遵循什么原则？

（6）塑件的支承面、圆角、加强筋的工艺性在设计上各有什么要求？

（7）塑件的孔有哪几种形式？设计和成型塑件的孔有什么要求？

（8）设计塑料制品上的螺纹时应注意哪些问题？

（9）塑料齿轮在设计上有哪些工艺要求？

（10）什么是塑件的铰链结构？怎样确定其尺寸？

（11）什么是塑料制品的嵌件？其种类有哪些？设计带嵌件塑料制品时应注意哪些问题？

（12）塑料制品上的标记或符号有哪几种形式？设计时要注意哪些问题？

第 4 章

塑料模的分类和注射模的结构

4.1 塑料模的分类

塑料模的分类方法很多，由于成型的方法、安装的方式、型腔的数目、分型面的形式等方面的不同，塑料模的分类方式也不相同。常用的分类方式有四种，即按模塑成型的方式、模具的安装方式、模具的型腔数目和模具的分型面的特征来对塑料模进行分类。

1. 按模塑成型的方式分类

随着塑料成型工艺的不断发展，新的成型工艺不断涌现，并且在不断完善。按照模塑成型的工艺对塑料模进行分类，塑料模具的类型将会越来越多。比较传统的模塑成型工艺主要有压缩模、压注模和注射模等。此外还有中空吹塑模、热压成型模、低压发泡模、挤出成型模等。

（1）压缩模。压缩模又称压塑模，主要用于压缩成型工艺，把粉状、粒状和纤维状的热固性材料于模内在压力机上压制而成为塑料制品。压缩模是塑料模具中最为简单的成型模具。

（2）压注模。压注模又称压塑模、传递模、挤塑模和铸压模，主要用于热固性塑料的压注成型工艺。这种模因有外加料室、柱塞及浇注系统等，其结构比压缩模复杂，可成型较为复杂的热固性塑件。

（3）注射模。注射模又称注塑模，它主要用于热塑性塑料的注射成型工艺。在专用的注射机上也可用来成型部分热固性塑料制品。

2. 按模具的安装方式分类

按塑料模在成型设备上的安装方式可分为移动式模具、固定式模具和半固定式模具。

（1）移动式模具。这种模具不固定安装在成型设备上。在整个模塑过程中，除加热、加压在设备上进行外，安放嵌件、加料、合模、开模、取出塑件、清理模具等操作过程均在机外进行。常见的移动式模具有生产批量不大的小型热固性塑料成型的压缩模、压注模和立式注射机上用的小型注射模。

① 移动式模具的优点：结构比较简单，质量较轻，造价较低，便于成型有较多嵌件或形状复杂的塑件，更换模具方便。

② 移动式模具的缺点：工人的劳动强度大，不能成型较大的塑件，一般多为单腔模具，生产效率较低，热能及设备的利用率较低，模具易磨损，使用寿命较短。

（2）固定式模具。这种模具固定安装在成型设备上，使用时，模塑成型过程完全在设备上进行。它在压缩模、压注模、注射模中广泛采用。固定式模具可以成型大型的塑件，也可制作成多型腔模具。可根据塑件的生产批量和大小，实现自动化生产，生产效率高，设备的利用率高，模具的磨损小，寿命长。固定式模具的结构复杂，制造成本较高，不便成型嵌件较多的塑件，模具的安装和调试过程比较麻烦。

（3）半固定式模具。这种模具一部分固定安装在成型设备上，另一部分固定安装在可以移动的工作台上。成型开模后，将模具可移动的工作台沿滑动轨道移出，以便取出塑件并清理模具。它兼有移动式和固定式模具的优点，主要用于热固性塑料成型的压缩模和压注模中。

3. 按模具的型腔数目分类

按塑料模的型腔数目可分为单型腔模具和多型腔模具。

（1）单型腔模具。在一副模具中只有一个型腔，也就是在一个模塑成型周期内只能生产一个塑件的模具。这种模具通常情况下结构简单，制造方便，造价较低，生产效率不高，不能充分发挥设备的潜力。它主要用于成型较大型的塑件和形状复杂或嵌件较多的塑件，也用于小批量生产或新产品试制的场合。

（2）多型腔模具。在一副模具中有两个以上的型腔，也就是说在一个模塑成型周期内可同时生产两个以上塑件的模具。这种模具的生产效率高，设备的潜力能充分发挥，但模具的结构比较复杂，造价较高。它主要应用于生产批量较大的塑件或成型较小的塑件。

4. 按模具的分型面分类

按模具分型面的数目，可以分为一个、两个、三个或多个分型面的模具。

按模具分型面的特征，可分为水平分型面的模具、垂直分型面的模具和水平与垂直分型面的模具。水平分型面，并不是指模具处于工作位置时其分型面与地面相平行，而是指分型面的位置垂直于合模方向；垂直分型面则是指分型面的位置平行于合模方向。模具在立式压力机或立式注射机上工作时，其水平分型面与地面相平行，在卧式注射机上工作时，其水平分型面则与地面相垂直。

4.2　盖柄注射塑料模

塑料注射成型生产工艺中所使用的模具称为注射塑料模，简称注塑模，有时又称注射模。它是塑料注射成型生产的一个十分重要的工艺装置。它与成型设备和成型材料一起构成了塑料注射成型工艺的三要素。当塑料原材料、注射成型设备和注射工艺参数确定后，注射塑料制品质量的好坏与生产率的高低直接取决于注射模的结构特征。因此，在设计和制造注射模时，必须依照塑料的工艺特性和成型性能，综合考虑塑料熔体在注射成型过程中可能产生的流动阻力、流动速度、收缩和补缩、结晶与取向，以及残余应力的影响等方面的问题；

同时还要考虑塑料产品零件的形状、尺寸大小、精度等级和表面要求等方面的问题；此外，还需要考虑生产批量、注射工艺条件和注射机的种类等方面的问题。只有综合考虑了以上这些问题，才能设计出与注射成型工艺相适应的合理的模具结构。否则会直接影响塑料产品制件的质量，以及产品的生产效率。

为了使大家对注射塑料模具的结构有一个全面的了解，将在以下的各章节里，分别以生产中实际使用的比较典型的模具为例，向大家介绍注射模具的结构形式及相关的知识。

4.2.1　盖柄注射塑料模结构

盖柄注射塑料模在注射模结构类型中属于单分型面多腔模具。如图 4.1 所示，这是一套水杯的盖柄在生产中使用的注射模具的装配图。盖柄所使用的塑料材料为聚酰胺（PA）。模具中主要零件的作用见表 4.1。

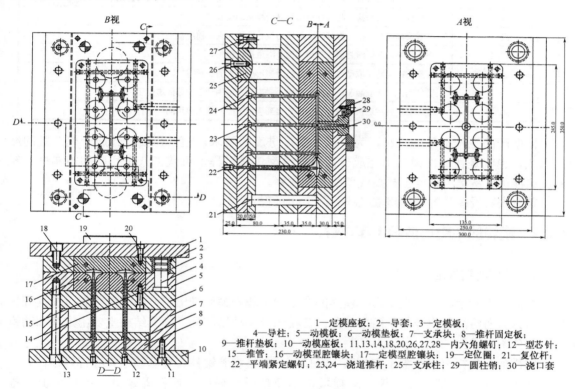

1—定模座板；2—导套；3—定模板；
4—导柱；5—动模板；6—动模垫板；7—支承块；8—推杆固定板；
9—推杆垫板；10—动模座板；11、13、14、18、20、26、27、28—内六角螺钉；12—型芯针；
15—推管；16—动模型腔镶块；17—定模型腔镶块；19—定位圈；21—复位杆；
22—平端紧定螺钉；23、24—浇道推杆；25—支承柱；29—圆柱销；30—浇口套

图 4.1　盖柄注射塑料模装配图

表 4.1　盖柄注射塑料模零件功能一览表

零件序号	零件功能
1	定模座板：可将模具的定模部分与注射机的定模板相连接的模板
2	导套：在模具的开、合过程中起合模导向作用
3	定模板：固定定模型腔，与导套、定模座板、浇口套和定位环组成定模部分
4	导柱：与导套一起构成模具的合模导向机构
5	动模板：固定动模型腔和导柱，是动模的主要模板零件
6	动模垫板：支承和固定动模板和动模型腔镶块，承受成型注射压力的模板
7	支承块：在动模内形成推出机构的移动空间，并支承固定动模部分

零件序号	零件功能
8	推杆固定板：在推出机构中固定推杆和复位杆等零件
9	推杆垫板：在推出机构中固定和支承推杆固定板、推杆、推管和复位杆等零件
10	动模座板：可将模具的动模部分与注射机的动模板相连接的模板
11、13、14、18、20、26、27、28	内六角螺钉：连接各部分的零件和模板
12	型芯针：成型产品内孔的镶针
15	推管：与型芯针配合，开模后将塑料制件推离型芯针而脱模
16	动模型腔镶块：模具位于动模上的成型零件
17	定模型腔镶块：模具位于定模上的成型零件
19	定位圈：确定模具几何中心线与注射机的料筒和喷嘴的中心线在同一直线上
21	复位杆：模具合模时将推杆机构恢复到原来的位置
22	平端紧定螺钉：把与推管配合使用的型芯针固定到动模座板上
23、24	浇道推杆：开模时将留在动模上的分浇道推出模外
25	支承柱：为防止成型过程中动模垫板变形所增加的支承零件
29	圆柱销：防止安装和维修的过程中，浇口套发生偏转而使分流道受阻
30	浇口套：将注射机喷嘴中的熔料连接到模具型腔所形成通道的一个标准件

根据产品生产批量的大小，为了满足生产进度的要求，模具需要设计成一模八腔的结构形式，也就是在一副模具上完成一次注射成型工艺过程，可获得八个相同的塑料产品零件，这样可以从很大程度上提高成型的生产效率。

首先来看看模具的结构组成及模具的工作过程。

4.2.2　模具的结构组成和工作过程

1．模具的结构组成

如图 4.2 所示，分别表示出了模具的合模状态和开模后推出的产品制件状态。模具开模后，由分型面将注射模分成了两个部分：定模部分和动模部分。模具结构主要由定模和动模这两部分所组成。

定模部分包括定模座板、定位圈、浇口套、定模型腔镶件、导套和连接螺钉等零件。

动模部分主要有动模座板、动模板、动模垫板、导柱、推杆固定板、推杆垫板、推杆、推管、支承柱、复位杆和连接螺钉等零件。

2．模具的工作过程

首先要将模具安装在注射机上。用螺钉和夹具将模具定模部分上的定模座板 1（以下序号参见图 4.1）固定在注射机的定模连接板上，将模具动模部分上的动模座板 10 固定在注射机的动模连接板上。模具合模时，动模与定模在分型面上通过导柱 4 和导套 2 组成的导向合模机构，使定模型腔和动模型腔结合起来形成了产品的整体型腔。然后由注射机的料筒将塑化后的塑料熔体以一定的压力和速度，经过喷嘴，通过模具的浇注系统向型腔注射成型。再由温度控制系统使填充到型腔的熔融塑料冷却成为固态的塑件制品。开模后，由模具的推出机构推管 15 将塑件制品从动模型芯针 12 上推出模外；同时浇道推杆 23 和浇道推杆 24 将浇道凝料推出动模型腔镶块 16。经过下一个循环，模具重新合模时，由分型面推动复位杆，使推出机构恢复到合模的初始位置，再重复下一个成型过程。

　　为了使模具的结构符合成型工艺的要求，先分析产品的结构特点，从塑料产品零件的结构形状、尺寸大小、精度等级和表面要求等方面考虑模具结构的合理性。

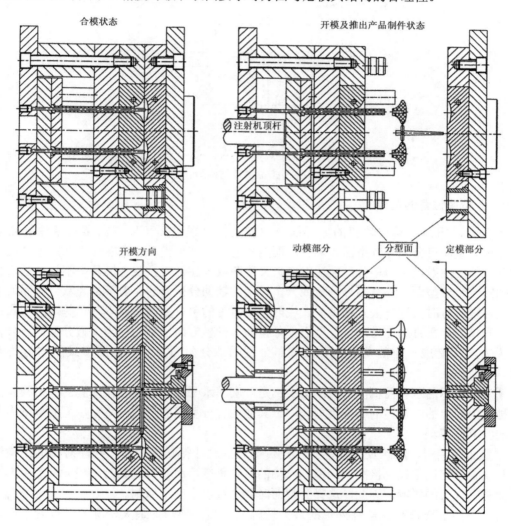

图 4.2　模具的合模状态和开模后推出的产品制件状态图

4.2.3　产品零件的结构特点及分型面的选择

　　在通常的情况下，根据产品的结构特点来选择分型面。我们先来看一下产品的结构形式。

1. 产品的结构形式

　　产品零件的结构如图 4.3 所示。从产品的结构来看，该零件是一个曲面回转体结构的零件。其顶面是一个 $SR46.2\text{mm}$ 的球面，最大截面部分由 $R1.3\text{mm}$ 的弧面回转而成，底部由两段相接的圆弧回转形成曲面，底面是 $\phi9.5\text{mm}$ 的圆形平面。底面上还有一个 $\phi4.0\text{mm}$，深度为 14.8mm 的盲孔。

尺寸未标注公差，可按未注公差的尺寸确定模具的制造精度。产品也无特殊的表面质量要求，可依照通用塑料产品零件的要求来加以考虑。

根据产品的结构特点，模具所选择的分型面是 ϕ 34.0mm 所决定的最大投影面位置。

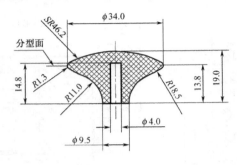

图 4.3　产品零件结构图

2．分型面位置的选择

分型面，即为定模与动模的分界面，也就是分开模具后可以取出塑料零件制品的界面。作为分型面可分为单分型面和多分型面两种情况。整个模具中只在动模和定模之间具有一个分型面的注射模称为单分型面注射模，又称两板式注射模；整个模具中不只是动模和定模之间的一个分型面，还有另外一个或一个以上的辅助分型面的注射模称为双分型面或多分型面注射模，有时又称三板式或多板式注射模。常见的单分型面有以下几种基本的形式：分型面与开模方向垂直的称为水平分型面；分型面与开模方向平行的称为垂直分型面；分型面与开模方向相交成一定的角度的称为倾斜分型面；分型面为一个曲面形式的称为曲面分型面。

图 4.1 所示的水杯盖柄注射模结构实例是一套单水平分型面的一模多腔的注射模具，也是一种最为简单的注射模的结构类型。对于其他几种分型面的形式，将在后面的章节中通过具体的实例介绍。

分型面的类型、形状及位置选择得是否恰当，设计得是否合理，在注射模的结构设计中非常重要。它们不仅直接关系到模具结构的复杂程度，而且对制品的成型质量的生产操作等方面都有很大的影响。因此，选择分型面时要遵循以下基本原则。

（1）分型面应选择在塑件外形的最大轮廓处。塑件外形的最大轮廓处，也就是通过该方向上的塑件的截面最大，否则塑件无法从型腔中脱出。实例的模具中其分型面的位置已遵循了这一原则。

（2）分型面的选择应有利于塑件成型后能顺利脱模。通常分型面的选择应尽可能使塑件在开模后留在动模一侧，以便通过设置在动模内的推出机构将塑件推出模外。否则若塑件留在定模，脱模会很困难。通常在定模内设置推出机构推出塑件，会使模具结构非常复杂。

在实例模具中，从分模面开模后，在 A 视方向的部分为模具的定模部分；模具的定模部分开模后固定不动。一般情况下，定模部分没有推出机构。从分模面开模后，在 B 视方向的部分为模具的动模部分；模具的动模部分在开模时由注射机的连杆机构带动模具的动模移动，打开模具。动模部分设有推出机构，由注射机上的液压系统推动模具上的推出机构使塑件从动模中推出模外，实现塑件自动脱模的过程。

实例模具中，因动模有 ϕ 4.0mm 的型芯，塑件成型后，会朝中心收缩，使型芯上的开模力大于定模上型腔的开模力，塑件可以留在动模一侧，再由推出机构将塑件从动模上推出。

（3）分型面的选择应有利于塑件的精度要求。实例模具中，定模和动模都有一部分型腔，在分型面上采用电火花放电成型加工时，因使用的电极不同，很难保证定模和动模的位置精度完全一致，使定模和动模型腔在分型面上合模时会产生一定程度的错位。因此，希望在模具的制造过程中尽可能地控制位置精度，使合模时的错位尽可能小。

（4）分型面的选择应有利于排气。实例模具中在分型面上与浇口相对的位置处可以开排气槽，以排除型腔中，以及熔体在成型过程中所释放出来的气体。这些气体在成型过程中若不能及时地排出，将会返回到熔体中冷却后在塑件内部形成气泡，出现疏松等缺陷，从而影响塑件的机械性能，给产品带来质量问题。

（5）分型面的选择应尽量使成型零件便于加工。这一点是针对模具零件的加工问题所提出来的。在选择分型面时必须要考虑模具零件的制作加工方面的问题，尽可能使模具的成型零件在加工制作过程中既方便又可靠。实例模具中的型腔是采用电火花成型加工的方式，从分型面分别对定模和动模用电极进行电火花放电加工而成。放电加工时，必须控制好型腔的位置和深度，以保证产品的外形尺寸，同时防止定模和动模在合模产生错位的现象。

（6）分型面的选择应有利于侧向分型与抽芯。这一点是针对产品零件有侧孔和侧凹的情况提出来的。实例中没有侧孔和侧凹的结构，不存在考虑侧向分型与抽芯的问题。在后面的章节中通过具体的模具实例讲述这一问题。

（7）分型面的选择应尽可能减少由于脱模斜度造成塑件的大小端尺寸的差异。

4.2.4　模具成型零件的结构形式

注射模的成型零件是指动、定模部分有关组成型腔的零件，例如，成型塑件内表面的凸模和成型塑件外表面的凹模，以及各种成型杆、镶件、镶针等。

成型零件的大部分表面直接与塑料接触，其形状往往较复杂，精度与表面粗糙度要求也较高。因此在设计时除考虑保证塑件成型外，还要求便于加工制造与维修。

如果产品表面质量要求不高时，可直接在动模板和定模板上制作出模具的型腔和型芯。尽管采用这样的结构时可节省一些模芯材料，但给加工和维修带来了不便。此外，由于成型零件工作时，直接与塑料的熔体接触，承受塑料熔体注射时的高压料流的冲刷，脱模时与塑件间还发生摩擦，因而成型零件除要求有正确的几何形状、较高的尺寸精度和较低的表面粗糙度外，还要求结构合理，有较高的强度、刚度及较好的耐磨性能。

图 4.1 所示的水杯盖柄注射模装配图中，其成型零件主要由型芯针 12、推管 15、动模型腔镶块 16 和定模型腔镶块 17 等零件所组成。采用动模型腔镶块和定模型腔镶块零件的结构，其主要目的是可以用较好的模具材料来加工制造。

模具的成型型腔和型芯镶件通常采用的材料有 718S，718H，S136，S136H 或 P20，420 等。这些材料的优良特性主要表现为高纯度，高镜面度，抛光性能好，抗锈防酸能力佳，热处理变形少，适用于成型 PA，POM，PS，PE，PP，ABS 等塑料。

1. 定模型腔镶块

定模型腔镶块是成型塑件分模面上部的型腔部分的成型零件，安装镶嵌在模具的定模板内，用螺钉与定模座板相连在一起。因在定模部分，要安装配合主流道衬套（俗称浇口套），并在其分模面上开设分流道。有时为了能使模具冷却充分，在定模型腔镶块中还开设循环冷却水道，从定模板和定模座板安装水嘴引入或引出，其具体结构如图 4.4 所示。

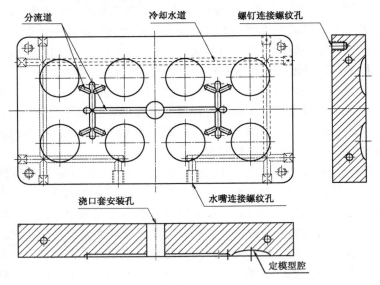

图 4.4　定模型腔镶块结构图

2．动模型腔镶块

动模型腔镶块是成型塑件分模面下部的型腔部分的成型零件，安装镶嵌在模具的动模板内，用螺钉与动模垫板相连在一起。在型腔底部需要安装推管顶出装置。在其分模面上开设分流道和浇口，并要在分流道上开设推杆顶料杆装置。有时为了能使模具冷却充分，在动模型腔镶块中也开设循环冷却水道，从动模板和动模垫板安装水嘴引入或引出，其具体结构如图 4.5 所示。

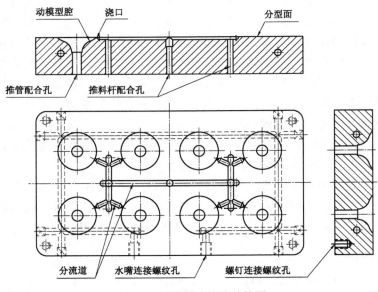

图 4.5　动模型腔镶块结构图

4.2.5 模具的浇道系统

浇注系统是指塑料熔体从注射机喷嘴射出后到达型腔之前在模具内流经的通道。浇注系统分为普通流道的浇注系统和热流道浇注系统两大类。浇注系统的设计是注射模具设计的一个很重要的环节,它对获得优良性能和理想外观的塑料制件,以及最佳的成型效率有直接影响,是模具设计工作者十分重视的技术问题。

1. 注射模浇注系统的组成及作用

(1)浇注系统的组成。注射模普通流道浇注系统一般由主流道、分流道、浇口和冷料穴四部分组成,如图 4.6 所示。主流道垂直于分型面,为了脱模的需要,主流道常制作成斜度为 3°～5° 的圆锥体结构。分流道和浇口通常开设在分型面上。主流道和分流道的末端通常还开设有冷料穴。

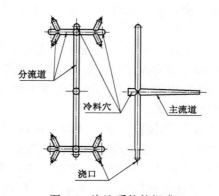

图 4.6 浇注系统的组成

(2)浇注系统的作用。

① 将来自注射机喷嘴的塑料熔体均匀而平稳地输送到型腔,同时使型腔内的气体能及时顺利排出。

② 在塑料熔体填充及凝固的过程中,将注射压力有效地传递到型腔的各个部位,以获得形状完整、内在和外在质量优良的塑料制件。

2. 注射模浇注系统的设计原则

浇注系统设计是否合理不仅对塑料性能、结构、尺寸、内外在质量等影响很大,而且还与塑件所用塑料的利用率、成型生产效率等相关,因此,浇注系统设计是模具设计的重要环节。对浇注系统进行总体设计时,一般应遵循如下基本原则。

(1)了解塑料的成型性能和塑料熔体的流动特性。固体颗粒状或粉状的塑料经过加热,在注射成型时已呈熔融状态(黏流态),因此对塑料熔体的流动特性,例如,温度、黏度、剪切速率及型腔内的压力周期等进行分析,就显得十分重要。设计浇注系统应适应于所用塑料的成型特性要求,以保证塑料制件的质量。

(2)采用尽量短的流程,以减少热量与压力损失。浇注系统作为塑料熔体充填型腔的流动通道,要求流经其内的塑料熔体热量损失及压力损失减小到最低限度,以保持较理想的流动状态及有效地传递最终压力。为此,在保证塑件的成型质量,满足型腔良好的排气效果的前提下，应尽量缩短流程，同时还应控制好流道的表面粗糙度，并减少流道的弯折等，这样就能够缩短填充时间，克服塑料熔体因热量损失和压力损失过大所引起的成型缺陷，从而缩短成型周期，提高成型质量，并可减少浇注系统的凝料量。

（3）浇注系统设计应有利于良好排气。浇注系统应能顺利地引导塑料熔体充满型腔的每个角落，使型腔及浇注系统中的气体有序地排出，以保证填充过程中不产生紊流或涡流，也不会因气体积存而引起凹陷、气泡、烧焦等塑件成型缺陷。因此，设计浇注系统时，应注意与模具的排气方式相适应，使塑件获得良好的成型质量。

（4）防止型芯变形和嵌件位移。浇注系统的设计应尽量避免塑料熔体直冲细小型芯和嵌件，以防止熔体冲击力使细小型芯变形或使嵌件位移。

（5）便于修整浇口以保证塑件外观质量。脱模后，浇注系统凝料要与成型后的塑件分离，为保证塑件的美观和使用性能等，应该使浇注系统凝料与塑件易于分离，且浇口痕迹易于清除修整。例如，收录机和电视机等的外壳、带花纹的旋钮和包装装饰品塑件，它们的外观具有一定造型设计质量要求，浇口就不允许开设在对外观有严重影响的部位，而应开设在次要隐蔽的地方。

（6）浇注系统应结合型腔布局同时考虑。浇注系统的分布形式与型腔的排布密切相关，应在设计时尽可能保证在同一时间内使塑料熔体充满各型腔，并且使型腔及浇注系统在分型面上的投影面积总重心与注射机锁模机构的锁模力作用中心相重合，这对于锁模的可靠性及锁模机构受力的均匀性都是有利的。

（7）流动距离比和流动面积比的校核。大型或薄壁塑料制件在注射成型时，塑料熔体有可能因其流动过长或流动性较差而无法充满整个模腔，为此，在模具设计过程中，先对其注射成型并对流动距离比或流动面积比进行校核，这样，就可以避免充填不足现象的发生。

流动距离比亦称流动比，它是指塑料熔体在模具中进行最长距离流动时，其各段料流通道及各段模腔的长度与其对应截面厚度之比值的总和，即

$$\varPhi = \sum_{i=1}^{n} \frac{L_i}{t_i}$$

式中　　$\varPhi$——流动距离比；

　　　　L_i——模具中各段料流通道及模腔的长度；

　　　　t_i——模具中各段料流通道及模腔的截面厚度。

流动面积比指浇注系统中料流通道截面厚度与塑件表面积的比值，即

$$\psi = \frac{t}{A}$$

式中　　ψ——流动面积比（mm^{-1}）；

　　　　t——浇注系统中料流通道截面厚度（mm）；

　　　　A——塑件的表面积（mm^2）。

3．主流道的设计

主流道是浇注系统中从注射机喷嘴与模具相接触的部位开始，到分流道为止的塑料熔体的流动通道。在卧式或立式注射机上使用的模具中，主流道垂直于分型面，为了使凝料能从模具中容易拔出，需设计成圆锥形，锥角为3°～5°，表面粗糙度为 $Ra<0.8\mu m$。

主流道部分在成型过程中，其小端入口处与注射机喷嘴及一定温度、压力的塑料熔体

要冷热交替地反复接触，很容易磨损。因而模具的主流道部分常设计成可拆卸更换的主流道衬套形式。以便有效地选用优质钢材单独加工和热处理。一般采用碳素工具钢，如 T8A、T10A 等，热处理要求淬火达到表面硬度为 50～55HRC。

主流道衬套应设置在模具的对称中心位置上，并尽可能保证与相连接的注射机喷嘴为同一轴心线。主流道衬套的尺寸现已标准化，以最常用的结构形式为例，其具体的尺寸如图 4.7 所示。

图中主流道衬套的长度尺寸 L 根据所选取的标准模架和塑料的流动性综合确定。其值尽可能满足：L≤60mm。对于一模多腔的模具来说，若采用圆形截面的分流道时，为了防止主流道衬套在使用和维修时发生旋转，导致合模后主流道衬套上开设的分流道与定模型腔上的分流道产生错位的现象，在主流道衬套上还需增加防转销来加以限制，如图 4.8 所示。主流道衬套还有一些其他的结构，可根据具体要求选取。

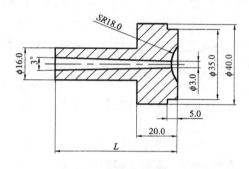

图 4.7　主流道衬套的结构尺寸

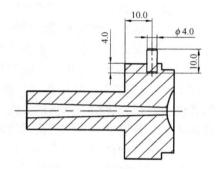

图 4.8　主流道衬套安装防转销

4．分流道的设计

在多腔模或单腔模多浇口时应设置分流道。分流道是指主流道末端与浇口之间塑料熔体的流动通道。它是浇注系统中熔融状态的塑料由主流道流入型腔前，通过截面积的变化及流向变换以获得平稳流态的过渡段，因此，要求所设计的分流道应能满足良好的压力传递，并保持理想的填充状态，使塑料熔体尽快地流经分流道充满型腔，其流动过程中要求压力和热量的损失尽可能小，能将塑料熔体均衡地分配到各个型腔。

分流道的截面形状一般有圆形、梯形、U 形、半圆形和矩形等。为了便于加工及使凝料脱模，分流道大多设置在分型面上。分流道截面形状及尺寸应根据塑料制件的结构、所用塑料的工艺特性、成型工艺条件及分流道的长度等因素来确定。常用的分流道截面形状如图 4.9 所示。

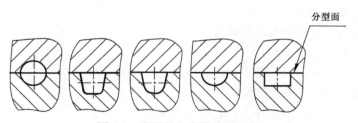

图 4.9　常用的分流道截面形状

盖柄注射模中浇注系统采用的分流道的截面形状为圆形截面形状。作为圆形截面流道，在相同截面积的情况下，其比表面积最小。比表面积是指流道的表面积与体积之比。因而圆形截面的流道在热的塑料熔体和温度相对较低的模具之间所提供的接触面积最小，从流动性和传热性等方面考虑，圆形截面是分流道比较理想的形状。但圆形截面的分流道因以分型面为界分成两半进行加工而成，这种加工的工艺性不佳。因加工中所产生的误差，使模具闭合后难以精确保证两半圆对准，使圆形截面的分流道在应用时受到一定的影响。在实际应用中梯形、U 形和半圆形截面的分流道形式采用的较多，而矩形截面因其对流动性的影响较大，应用的较少。

5．浇口的设计

浇口又称进料口，是连接分流道与型腔的通道。除直接浇口外，它是浇注系统中截面最小的部分，但却是浇注系统中的关键部分。

（1）浇口的作用：限制性浇口一方面通过截面积的突然变化，迅速均衡地填充型腔，另一方面改善塑料熔体进入型腔时的流动性，调节浇口尺寸，可使多型腔同时充满，可控制填充时间、冷却时间及塑件的表面质量，同时还起着封闭型腔防止塑料熔体倒流，并且易于浇口凝料与塑件分离的作用；非限制性浇口则起着引料、进料的作用。

（2）浇口的形式：直接浇口、侧浇口、扇形浇口、平缝浇口、环形浇口、盘形浇口、轮辐式浇口、爪形浇口、点浇口、潜伏式浇口及护耳浇口等。每一浇口都有其各自的适用范围和优缺点，要根据具体的情况来选用。

图 4.6 所示的浇注系统中其浇口为侧浇口，分型面上开设在型腔边缘的侧面，又称边缘浇口，国外称为标准浇口。侧浇口的截面形状多为矩形狭缝，调整其截面的厚度和宽度可以调节熔体充模时的剪切速率及浇口封闭时间。这种浇口加工容易，修整方便，并且可以根据塑件的形状特征灵活地选择进料位置。因对各种塑件的成型适应性较强，而广泛地应用于中小型塑件的多型腔模具中。其缺点为塑件成型后有浇口痕迹存在，会形成熔接痕、缩孔、气孔等塑件缺陷，且注射压力损失大，对深型腔塑件排气不便，其侧浇口的具体尺寸如图 4.10 所示。

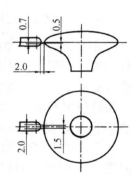

图 4.10　侧浇口的尺寸

（3）浇口位置的选择原则：模具设计时，浇口的位置和尺寸要求比较严格，试模后有时还要根据试模后的情况修改浇口的尺寸。在选择浇口的位置时，需要根据塑件的结构工艺及特征、成型质量和技术要求，并综合分析塑料熔体在模内的流动特性及成型工艺条件等因素来确定。因而合理选择浇口的位置是提高塑件质量的重要环节。对浇口位置的选择，要遵循以下的几项原则：

① 尽量缩短流动距离。

② 浇口应开设在塑件壁最厚的地方。

③ 尽量减少或避免熔接痕。

④ 应有利于型腔中的气体排出。

⑤ 应避免填充时产生喷射或蠕动。

⑥ 避免填充时直接冲击嵌件，防止产生变形。

⑦ 注意对塑件外观要求的影响。

6．浇注系统的平衡

对中小型塑件的注射模常采用一模多腔的形式，以提高其生产效率。为了使每个型腔所获得的质量一致，在设计分流道和浇口时，要求应尽量保证所有的型腔能同时均衡地被填充和成型。在型腔对称布置时，从主流道到各个型腔的分流道设计的长度相等、形状及截面的尺寸相同，这种平衡的浇注系统形式，就是浇注系统的平衡。非平衡式浇道的布置则是指由主流道到各个型腔的分流道的长度不是全部地对应相等，如图 4.11 所示。这种形式对塑件的精度和表面质量要求不高时可以采用，其特点是比平衡式布置的形式结构更紧凑，浇道凝料更短一些。缺点是进入每个型腔的填充时间和成型过程不均衡，造成塑件成型质量上的不一致。当采用这种非对称的布置形式或者同一模具中生产不同的塑件时，为了达到均衡进料的目的，则需要对浇口的尺寸加以调整，即通过改变浇口的尺寸来实现进料基本上一致。

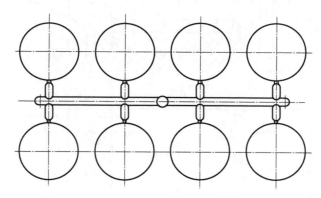

图 4.11　非平衡式型腔和分流道的布置形式

7．冷料穴的设计

在完成一次注射循环后，因注射机喷嘴端部的温度低于所要求的塑料熔体温度，这种相对较低温度的冷料进入型腔后，其融合性能不佳，容易使塑件产生次品。为了克服这一现象的影响，在主流道和分流道的末端开设一个空间以接收冷料，防止冷料进入浇注系统中的流道和型腔，造成堵塞浇口的现象或影响塑件质量。这种用来容纳注射间隔所产生的冷料的空间称为冷料穴。

冷料穴一般开设在主流道末端的动模型腔镶件上，其标称直径与主流道大端的直径相同或略大一些，深度为直径的 1～1.5 倍。冷料穴的最终目的是要保证冷料的体积小于冷料穴的体积。在图 4.6 中，主流道末端的冷料穴是采用一种带有锥形的结构形式。它除了起容纳冷料的作用外，还可以在开模时通过锥形结构将主流道和分流道的冷凝料勾住，使其保留在动模一侧，便于脱模。在脱模过程中，固定在推杆固定板上同时也形成冷料穴底部的推杆，随推出动作推出浇注系统凝料。若塑件的质量要求不高时，也可以不开设冷料穴。

4.2.6　模具的标准模架的选择

随着模具行业的快速发展，对注射塑料模具中的模架，以及一些基本结构的零部件已逐渐形成了系列化和标准化。我国于 1990 年正式颁布了塑料注射模模架的国家标准，其标准模架及标准零件的相关知识，请参考《塑料模设计手册》。

图 4.1 所示的水杯盖柄注射塑料模具中，选用了 2535-AI-A 板 30-B 板 35 型号的标准模架，其标准模架的结构如图 4.12 所示。

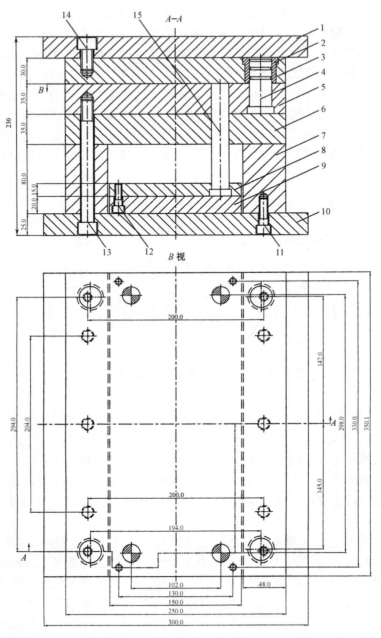

1—定模座板；2—导套；3—定模板；
4—导柱；5—动模板；6—动模垫板；7—支承块；8—推杆固定板；
9—推板；10—动模座板；11、12、13、14—内六角螺钉；15—复位杆

图 4.12　型号为 2535-AI-A 板 30-B 板 35 的标准模架

选择标准模架的大小主要依据定模型腔镶件和动模型腔镶件尺寸的大小来确定，其定模板和动模板的厚度则要依照塑件的结构及在模具中所处的位置来决定。

4.2.7　模具的温度控制系统

注射模的温度对塑料熔体的充模流动、固化成型周期、生产效率及塑件的形状和尺寸精度都有重大的影响。为了获得良好的塑件质量，应该使模具在工作中维持适当而且均衡的温度。因而在注射模中，设置温度调节系统的目的，就是要通过控制模具的温度，使注射成型具有良好的产品质量和较高的生产率。

对于不同的塑料进行注射成型时，需要有一个比较适宜的模具温度范围，在这个温度范围内，塑料熔体的流动性好，容易充满型腔，塑件脱模后收缩和翘曲变形小，形状与尺寸稳定，有较好的表面质量和优良的力学性能。因此，设计模具的温度控制系统就是为了使模具的温度能控制在这一合理的范围之内。

模具温度控制系统是指对模具可进行冷却或加热控制，有时两者兼而有之，以达到能够控制模具温度的目的。对模具进行加热还是冷却，与塑料的品种、塑件的形状和尺寸大小、生产效率及成型工艺对模温的要求有关。对流程长、壁厚较大的塑件，或者黏流温度或熔点虽不高，但成型面积很大时，为了保证塑料熔体在充模过程中不至于温度降低太大而影响填充型腔，可对模具采取适当的加热措施。对于大型模具，为了保证生产之前用较短的时间达到工艺所要求的模温，可设置加热装置对模具加热。对于小型薄壁塑件，且成型工艺要求模温不太高时，可以不设置冷却装置而依靠自然冷却。

实例中水杯盖柄所使用的材料为聚酰胺（PA），是一种黏度低、流动性好的塑料。它的成型工艺要求模温不需要太高，可采用常温水对模具进行循环冷却，有时为了进一步缩短在模内的冷却时间亦可以用冷水循环冷却来控制模温。盖柄注射模的循环冷却水道是直接开设在定模型腔镶件和动模型腔镶件内的。

冷却系统的设计对注射模而言，由于是断续工作的，而且受人为因素影响较多，所以无须精确地计算。冷却水道可以根据型腔的具体几何形状安排。水道的孔径与流量及流速有直接关系，对中小型模具来说，其直径通常取 $D=5\sim10\text{mm}$，小模取小值，大模取大值。水孔中心的位置距离型腔表面不可太近，太近会使型腔壁面温度不均匀，同时当型腔内压力大时，可使正对水孔的型壁面压溃变形。水孔的距离也不可太远，太远的距离会使冷却效果不好。最小的允许间隔为 $1.7D$，最大的允许间隔为 $3D$。

水道的布置形式一般有串联和并联两种。串联水道的优点是如果水道中间有堵塞时能及时发现；其缺点是流程长，温度不均匀，流动阻力大。并联形式的优点是可分几路通水，流动阻力小，温度比较均匀；其缺点是如果中间有堵塞时不易发现，管接头也比较多。当然，安排布置冷却水道时，一定要注意水道不要与顶出机构和连接螺钉的位置发生干涉或距离太近，否则会漏水，甚至影响产品的成型质量。在两个零件之间需要通水时，其连接的面上一定要安装封水的密封圈，否则也会漏水。实例中采用模芯冷却时，最好将连接水嘴直接连接在模芯上，以免考虑再安装密封圈的问题，可使结构简化。

4.2.8　模具的推出机构

塑件在模具中注射成型后，从分模面分开，还必须从模腔中将塑件取出来。使塑件从成型腔中脱出来的机构称为推出机构。通常在注射成型机的动模安装一侧设有脱模推出机构。在注射机上有的采用液压推动，有的采用机械推动。塑件成型后，动模随注射机上的活动模座后退到一定的距离分开模具后，就开始由注射机的脱模机构推动模具的推板和推杆固定板，由推板、推杆或推管等推出装置将塑件从动模型腔中推出模外。

1．模具推出机构的组成

模具推出机构主要由推出零件、推杆固定板、推板、推出机构的导向与复位部件等组成。实例中的推出机构如图 4.13 所示。

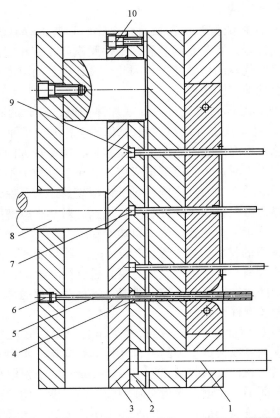

1—复位杆；2—推杆固定板；3—推板；4—推管；5—型芯杆；6—平端紧固螺钉；
7—主浇道推杆；8—注射机顶杆；9—分浇道推杆；10—内六角螺钉

图 4.13　推出机构主要零件的组成结构图

推出机构由推管 4，主浇道推杆 7，分浇道推杆 9，推杆固定板 2，推板 3，内六角螺钉 10 和复位杆 1 等零件所组成。开模后，由注射机顶杆 8 接触模具推板 3 推动安装在推杆固定板 2 和推板 3 上的推管 4、主浇道推杆 7 和分浇道推杆 9，将塑件从动模型芯杆 5 上和动模型腔中推出模外，同时也将浇道凝料从动模板中推出。合模时，由分模面推动复位杆 1 将推出机构复位。

推出机构中，凡直接与塑件相接触、并将塑件推出型腔或型芯的零件称为推出零件。常用的推出零件主要有推杆、推管、推件板和成型推杆等。

2．模具推出机构的设计原则

（1）推出机构应尽量设置在动模一侧。由于推出机构的动作是通过安装在注射机合模机构上的顶杆来驱动的，所以一般情况下，推出机构要设置在动模一侧。因而在分型面设计时，应尽可能保证开模后使塑件留在动模一侧。

（2）保证塑件不因推出而变形损坏。为了保证塑件在推出过程中不变形损坏，模具设计时应分析塑件的结构特点，合理地选择推出方式和推出位置，从而使塑件受力均匀，在推出时不产生变形损坏。

（3）推出机构应使推出动作灵活可靠，制造方便，机构本身要有足够的强度、刚度和硬度，以承受推出过程中各种力的作用，确保塑件顺利脱模。

（4）要使塑件保持良好的外观。推出塑件的位置应尽可能设置在塑件的内部，以免推出机构的痕迹影响塑件的外观质量。

（5）合模时能正确复位。模具的推出机构，必须保证合模时能正确复位，并保证不与其他的模具零件发生干涉。

3. 推管推出机构应用的注意事项

推管推出机构适用于推出小直径的管状塑件，对塑件中有较深的小孔时，也可使用推管推出机构推出塑件。

（1）推出塑件的厚度一般不小于1.5mm。

（2）推管热处理时要淬硬至 50～55HRC，最小的淬硬长度要大于与型腔配合的长度加上推出的距离。

（3）当脱模快时，塑件易被挤缩，其高度尺寸的精确度难以保证，应加以注意。

4.2.9 模具其他标准零件的选用

水杯盖柄注射模具中的其他标准零件主要有定位圈、支承柱等。因选择的标准模架中已包含有导柱、导套和复位杆等标准零件，不必单独考虑其选用问题。

1. 定位圈

定位圈有时又称定位环，它是使主流道衬套（浇口套）和注射机喷嘴孔对准所起定位作用的零件。在实际生产应用中，定位圈与浇口套配合使用时，可以根据需要而具有不同的形状和配合形式，以满足具体使用的要求。

定位圈的外径 D 为与注射机定位孔配合的直径，应按所选用注射机的定位孔直径来确定。外径 D 一般比注射机定位孔直径小 0.1～0.3mm，以便于装模。

定位圈所使用的材料通常为 45# 钢或 Q235 钢。装配时，一般采用两个以上的 M6～M8 的内六角螺钉将定位圈固定在定模座板上。定位圈标准零件的具体尺寸如图 4.14 所示。

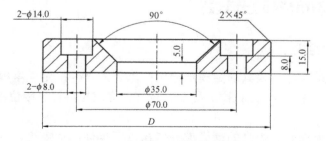

图 4.14 定位圈标准零件结构尺寸

2．支承柱

在动模垫板和动模座板之间，一般采用支承块以形成推出机构的移动空间，并支撑固定动模部分。在成型过程中，因受注射压力的作用，会使动模垫板产生一定的刚性挠度变形，从而对型腔尺寸的精度产生一定的影响，使塑件的成型质量降低。为了减少动模板的这种刚性挠度，提高塑件的成型质量，在动模垫板和动模座板之间，通常增加一些支承柱。

支承柱开设在动模垫板和动模座板之间，起一定的支承作用，可以改善动模垫板的变形并可适当地减少动模垫板的厚度。支承柱的数量和位置可根据具体情况来确定，要求尽可能对称布置。需要注意的是支承柱的位置不要与推出机构和其他专用机构（例如，复位弹簧、推板导柱导套等零件）发生干涉。通常用螺钉将支承柱固定安装在动模座板上，图例所使用的支承柱的尺寸如图4.15所示。

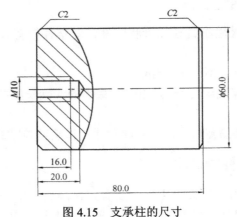

图4.15　支承柱的尺寸

4.3　透明盒盖注射塑料模

透明盒盖注射塑料模在注射模结构类型中属多分型面单腔模具。

如图4.16所示，这是一副实际生产中所使用的透明盒盖注射塑料模。盒盖所采用的塑料是聚丙烯（PP），模具采用一模一腔的结构形式。

模具的结构采用了细水口中心进料的形式，这主要根据产品的结构形式所决定的。首先来看看模具的结构组成及模具的工作过程。

4.3.1　模具的结构组成和工作过程

1．模具的结构组成

（1）模具的定模部分。模具的定模部分包括以下的零件：定模座板、定模板、定模型腔镶件、脱浇道板、浇口套、定位圈、导套、拉杆、浇道拉料杆、限位螺钉及水道密封圈和连接螺钉等零配件。

（2）模具的动模部分。模具的动模部分包括以下零件：动模板、顶出板、动模型芯镶件、垫块、支承柱、推杆、复位杆、引气辅助装置推杆、引气推块、开模拉钩、推杆固定板、推杆垫板、动模座板、隔水片及复位弹簧、限位钉和连接螺钉等零件。

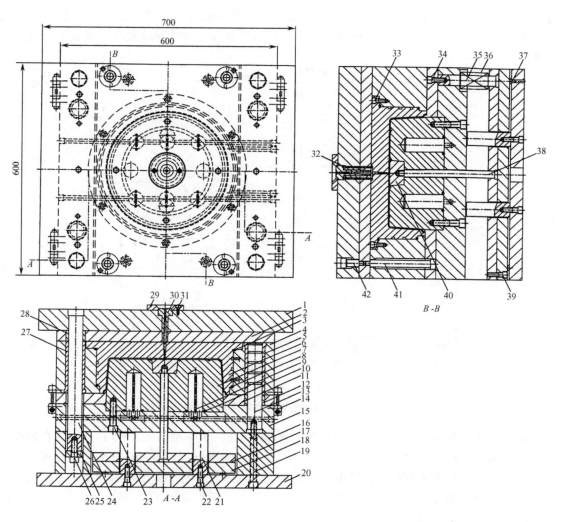

1—模座板；2—脱浇道板；3、8、10—密封圈；4—定模板；
5、12、27、28—导套；6—定模型腔镶件；7—动模型芯镶件；9—隔水片；11、18—推板；13、24—导柱；
14—拉钩；15—动模板；16—垫块；17—推杆固定板；19、22、23、26、31、33、34、39—螺钉；
20—动模座板；21—支承柱；25—限位圈；29—定位圈；30—浇口套；32—分流道拉料杆；
35—复位杆；36—弹簧；37—限位钉；38—引气辅助装置推杆；40—引气推块；41—拉杆；42—限位螺钉

图 4.16　透明盒盖注射塑料模装配图

2．模具的工作过程

模具合模后安装到卧式注射机上，在一定的注射压力的作用下，通过喷嘴将塑料熔体沿浇注系统均匀地注入模具的型腔中，并将型腔中的气体从推板 11 上所开设的排气槽中排出，完成注射过程。在循环冷却系统的作用下，熔体在型腔中冷却成型。塑件制品收缩在动模型芯镶件 7 上。

图 4.17 所示为模具开模及推出零件后的状态图。开模时，定模座板 1 固定在注射机的定模连接板上不动，动模向后移动时，通过拉钩 14 带动定模板 4，而固定在定模座板上的分流道拉料杆 32 拉住浇道凝料，使模具从分型面Ⅰ处分开，浇道凝料与塑件自动脱离。动模继续后移，在拉杆 41 和限位螺钉 42 的作用下，脱浇道板 2 与定模座板从分型面Ⅱ处分

开，使浇道凝料从分流道拉杆上和进料口套 30 中自动脱落，完成浇道凝料的自动分离过程。动模继续后移，拉开拉钩，使模具从分型面Ⅲ处分开，塑件因成型收缩而留在动模型芯镶件上。

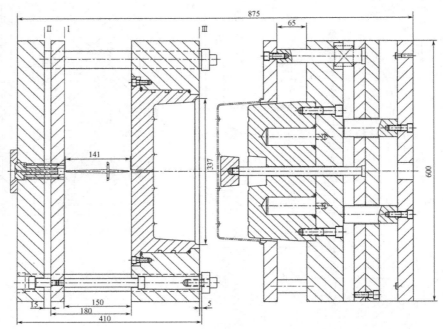

图 4.17　模具开模及推出零件后的状态图

最后由注射机的液压系统带动顶杆推动模具的推板 18 和推杆固定板 17，固定在推板和推杆固定板之间的复位杆 35 推动着用螺钉固定其上的推板 11 将塑件从动模型芯镶件上推出。同时，固定在推板和推杆固定板之间的引气辅助装置推杆 38 推动着固定其上的引气推块 40 辅助推出塑件，并由其间隙将气体引入，避免了塑件与动模型芯镶件之间在推出过程中形成真空而造成脱模困难。

4.3.2　产品零件的结构特点

对透明塑料盒盖类的产品，生产中难以控制其外观质量，尤其是水纹、刮花、黑点等方面的缺陷，表现特别突出。要想使产品在注射成型工艺中获得较高的外观质量，必须在模具设计时合理考虑注射成型工艺中的各种影响因素，例如，塑料材料的流动性、浇口位置的选择、制件的脱模形式及模具的温度控制等。此外在选择分型面时，要综合考虑产品的结构特点和产品的质量要求。

透明塑料盒盖的产品图如图 4.18 所示。

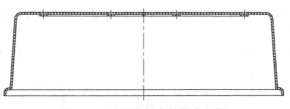

图 4.18　透明塑料盒盖的产品图

对于这种圆盒形状的产品，根据分型面选择的一般原则，其分型面必须选择在塑件外形的最大轮廓处，因而其底平面是分型所要选取的唯一平面。考虑到动模部分有顶出机构可在产品注射成型后顶出塑件，模具的型芯部分必须放在动模一侧。为了使制件在顶出时不产生刮花等缺陷，制件的内壁需要有足够的脱模斜度。

为了便于注射成型过程中熔料的填充，在选择浇注系统时，要考虑浇口的位置。因为浇口位置选择的合适与否，直接影响到填充的效果和产品成型后的质量。对于这一结构的产品而言，选择采用侧浇口在分型面上从产品的一侧进料，显然熔料在填充时很可能先沿着侧壁的圆弧周边填充，然后再向上填充到产品的顶部位置。这样的结果会导致因顶部无法排气而使产品产生缺料或气泡等缺陷，不能获得完好的产品制件。因此不能采用侧浇口进料。为了获得令人满意的质量，必须采用点浇口从产品的顶部中心进料，这样在注射成型过程中熔料将从顶部中心向周边均匀地填充，最后填充到分型面时，因分型面沿周边开设有排气槽，可使气体在填充时通过排气槽及时排出，从而可以保证产品获得良好的质量。

4.3.3　模具的成型零件

模具的成型零件主要有定模型腔镶件 6（以下序号参见图 4.16）、动模型芯镶件 7、推板 11 和引气推块 40 等。这些零件的大部分表面直接与塑料接触，精度要求较高，表面粗糙度值低。由于产品要求具有透明的特征，因此，成型零件的型腔表面要求抛光达到镜面光的程度。此外，还要求有较高的强度、刚度及较好的耐磨性能。因此，成型零件采用较好的模具用钢 718S 材料，热处理后其表面硬度要求达到 55～60HRC。

1．定模型腔镶件

定模型腔镶件是主要成型塑件外表面型腔部分的成型零件，镶嵌安装在模具的定模板内，用螺钉与定模板相连在一起。为了能使模具冷却充分，在定模型腔镶件的圆柱配合表面上开设有螺旋型循环冷却水道，从定模板上安装水嘴引出。为了防止漏水须在其配合面上安装"O"形橡胶密封圈。定模型腔镶件的具体结构如图 4.19 所示。

2．动模型芯镶件

动模型芯镶件是成型塑件内表面型腔部分的主要成型零件，镶嵌安装在模具的动模板内，用螺钉与动模垫板相连在一起。为了能使模具冷却充分，在动模型芯镶件内，开设有六个隔片式的冷却水道孔，通过隔片使循环冷却液进入动模型芯镶件内靠近型腔的部位，以保证在注射成型过程中模具型芯能更好地控制模温，注射成型后能快速冷却塑件，以达到缩短成型周期的目的。动模型芯镶件的具体结构如图 4.20 所示。

4.3.4　模具的浇道系统

该模具的浇注系统采用了点浇口从产品的顶部中心进料的结构形式。其目的既保证了产品所要求的外观质量，又可以使熔料均匀地填充到模具的型腔中，并将模具型腔中的气体从分型面上开设的排气槽中排出。

点浇口浇注系统的结构如图 4.21 所示。浇注系统包含主浇道、分型面、分浇道和浇口。在点浇口浇注系统中有一个分型面，这个分型面所起的作用，主要是在注射成型后要从该分型面上开模取出浇注系统凝料，与取出产品制件的分型面不在同一个面上。

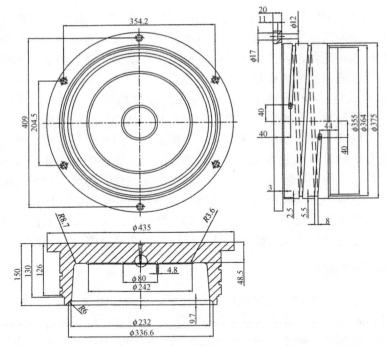

图 4.19　定模型腔镶件结构图

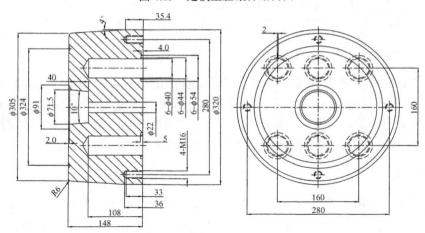

图 4.20　动模型芯镶件结构图

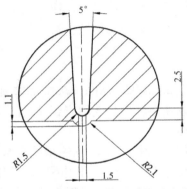

图 4.21　点浇口浇注系统图

1．点浇口的特点

点浇口又称针点式浇口、椭圆形浇口或菱形浇口，是一种尺寸很小截面为圆形的直接浇口的特殊形式。与直接浇口相比较，点浇口在开模时浇口可以自动拉断，利于实现自动化的生产操作过程。浇口自动拉断后，残留的痕迹小，对注射成型后产品的外观质量影响较小。其缺点为在注射成型时，注射压力损失大，塑件的收缩大，易变形。当浇口的尺寸太小时，料流易产生喷射现象，对成型的塑件质量不太有利。同时在定模部分需要另加一个分型面，以便浇道凝料从模具中取出。

2．点浇口的应用

点浇口浇注系统结构主要适用于成型熔体黏度随剪切速率提高而明显降低的塑料和黏度较低的塑料，例如，聚乙烯（PE）、聚丙烯（PP）和聚苯乙烯（PS）等塑料，而对成型流动性差的塑料及热敏性塑料、平薄易变形塑件及形状复杂的塑料不太有利。

模具所使用的材料为 PP 料，其流动性好。根据产品的结构特点，适合选取点浇口浇注系统的结构。点浇口部分的结构尺寸如图 4.22 所示。

点浇口的截面为圆形，直径 d 一般在 0.8～2.0mm 范围内选取，常用直径为 0.8～1.5mm。其倾角 α=3°～6°。

为了取出浇道凝料，在确定产品定模板和动模板的分型面后，还必须增加一个水口推板，在水口推板和定模板之间形成另一个分型面，以便开模后分别在不同的分型面取出产品和浇道凝料。

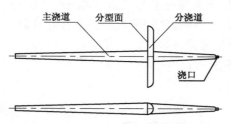

图 4.22　点浇口的结构尺寸图

这种带有水口推板、定模板和动模板的点浇口系统的模具结构，可在不同的分型面上实行次序分模，通常称为三板模结构，有时又称细水口模具。为区别只有定模板和动模板组成的单分型的模具结构，后者称为二板模结构，又称大水口模具。

为了实现次序分模，通常在开模时，先打开水口推板与定模板所形成的分型面，以便将浇道凝料首先与产品拉断后分离开来。然后再将浇道凝料在水口推板与定模座板之间分开，将收缩在拉料杆上的凝料从拉料杆和主浇道衬套中拉出。最后在定模板与动模板之间的分型面上分模，由顶出机构从动模型芯镶件上推出塑件产品。参见图 4.17 所示的模具开模及推出零件后的状态图。拉料杆安装在定模座板上，以拉住浇道凝料，保证浇道凝料在被水口推板推出之前，先与产品分离。拉料杆的结构如图 4.23 所示。

在定模板与动模板之间安装有 2 个或 4 个拉钩，以实现在该分型面最后分模。拉钩的结构已形成了标准化的结构，其结构如图 4.24 所示。

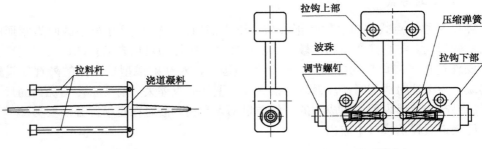

图 4.23　拉料杆与浇道凝料　　　　　图 4.24　拉钩结构图

拉钩的工作过程：拉钩上部通常用螺钉安装在定模板上，拉钩下部用螺钉安装在动模板上，模具合模后，拉钩上部进入拉钩下部中。拉钩下部的两个波珠在压缩弹簧的作用下卡在拉钩上部的半圆形槽中。开模时必须克服压缩弹簧的作用力，使波珠退出半圆形槽才能使定模和动模分开。压缩弹簧的作用力可通过调节螺钉加以调整，直到满足要求为止。

4.3.5　模具所用标准模架的结构

从图 4.16 所示的透明盒盖注射塑料模装配图中可以看出，模具选用了细水口的标准模架。其型号为 6060-DDI-A 板 150-B 板 80-410-0。其中，6060 指标准模架在分模面上的长为600mm，宽为 600mm，DDI 代表模架的结构类型，其 A 板的厚度为 150mm，B 板的厚度为80mm，"410" 指模架中定模支承导柱的总长为 410mm，"0" 指支承导柱的安装形式为靠近模板的四个角部，即定模板与动模板之间所安装的导柱导套靠近模板内部，而定模上安装的支承导柱导套位于模板靠外的地方。

模架的结构图如图 4.25 所示。

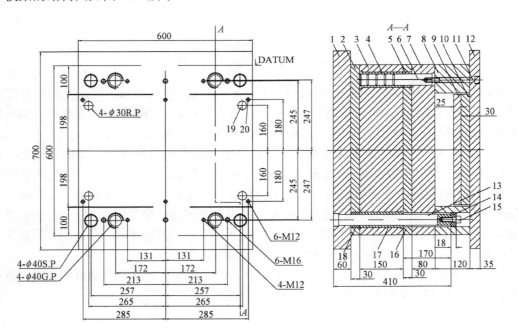

图 4.25　型号为 6060-DDI-A 板 150-B 板 80-410-0 的细水口标准模架结构图

4.3.6　模具的温度控制系统

透明塑料盒盖使用的材料为 PP 塑料，它是一种常用的热塑性塑料。在一定的温度范围内反复加热熔化至熔融流动状态填充模具型腔，冷却后硬化成具有型腔的结构和形状的塑件。在注射成型的过程中只有物理变化，而无化学变化，因而受热后可多次成型，废料也可回收再利用。因而模具温度的控制对注射成型过程有着很大的影响，模具温度直接影响熔料在填充型腔过程中的流动性，也直接影响成型收缩后的塑件质量。

PP 塑料在注射成型工艺中要求的模具温度通常为 80～90℃。为了使模温在成型过程中控制在所需要的范围内，在定模型腔镶件的圆柱配合表面上开设有螺旋型循环冷却水道，从定模板上安装水嘴引出。为了防止漏水，须在其配合面上安装"O"形橡胶密封圈。在动模型芯镶件内，开设有 6 个隔片式的冷却水道孔，通过隔片使循环冷却液进入动模型芯镶件内靠近型腔的部位，以保证在注射成型过程模具型芯能更好地控制模温。为了防止漏水，在其配合面上也需要安装"O"形橡胶密封圈，如图 4.26 所示。

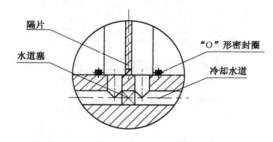

图 4.26　"O"形橡胶密封圈安装图

隔片的材料通常采用黄铜片制作，以免生锈，其结构如图 4.27 所示。

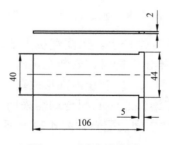

图 4.27　隔片零件图

4.3.7　模具的顶出系统

对于这种透明的圆形盒盖塑料零件，在注塑成型后，其脱模机构的顶出形式必须根据产品外观的质量要求来确定。如果采用简单的顶杆顶出形式，在产品的中心和直壁的周边加设顶杆顶出塑件，将会在塑件上留下明显的顶杆痕迹，直接影响到塑件的外观质量。因此对此类塑件，必须采用顶板顶出的脱模形式来顶出成型后收缩在动模型芯镶件上的塑件产品。

在采用顶板顶出机构时，其顶板与动模型芯镶件的配合位置，有两个位置可以选择。其一为塑件产品的凸缘内壁直径所形成的圆柱面；其二为型腔直壁所形成的圆柱面。若选择前者，因型腔直壁所形成的收缩力大于凸缘内壁的收缩力，顶出时，将会使塑件产品的凸缘部分产生翻转而且不能将塑件产品从型芯镶件上顶下来。选择后者可将塑件产品从型芯镶件上顶下来，但产品还保留在顶板上的凸缘部分，需手工将塑件从凸缘上取下。由于型腔部分的深度比较高，在顶板顶出时，塑件的内壁顶部极易形成真空区域，使塑件难以被顶出。因而在型芯的中心部分必须增设引气辅助顶出机构，以保证塑件产品能顺利地从型芯上被顶出来。

顶板机构顶出局部图如图 4.28 所示。

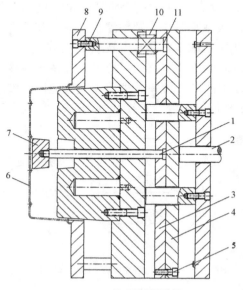

1—引气辅助装置推杆；
2—注塑机顶杆；3、8—推板；4—推杆固定板；5、9—螺钉；
6—塑件产品；7—引气推块；10—弹簧；11—复位杆

图 4.28 顶板机构顶出局部图

用内六角螺钉将顶板固定在复位杆上。当注塑机上的顶杆推动顶出机构时，复位杆带动推板将塑件从动模型芯镶件上推出，同时，安装在顶出机构上的中心顶杆带动引气推块从塑件的中心推动产品，并将气体引入，以防止内部形成真空，造成塑件脱模困难。

顶板、引气推块与动模型芯镶件之间的配合均需采用锥面配合。锥面配合的单边角度为 5°～8°。顶板与动模型芯镶件之间的配合如图 4.29 所示。

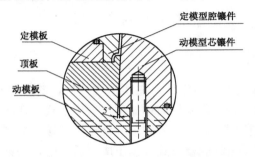

图 4.29 顶板与动模型芯镶件之间的锥面配合

引气推块与动模型芯镶件之间的锥面配合如图 4.30 所示。

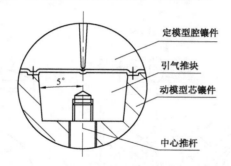

图 4.30　引气推块与动模型芯镶件之间的锥面配合

4.4　热固性塑料手柄注射模

4.4.1　概述

对热固性塑料的加工，传统的工艺方式是采用压缩成型和压注成型的工艺方法来生产塑件制品的。这两种方法工艺操作复杂、劳动强度大、成型周期长、生产效率低、模具易损坏、成型产品的质量不稳定。采用注射成型热固性塑料制件，与前者比较，具有简化操作工艺、缩短成型周期、提高生产效率、降低劳动强度、提高产品质量、模具寿命较长等优点。因而，随着塑料成型工艺的不断发展，注射成型热固性塑料工艺应用越来越广泛。

热固性塑料注射成型的原理是将成型物料从注射机的料斗送入料筒内加热，并在螺杆的旋转作用下熔融塑化，使之成为均匀的黏流态熔体，通过螺杆的高压推动，使这些熔体以很大的流速经过料筒前端的喷嘴注射进入高温的模腔，经过一段时间的保压补缩和交联反应，固化成为塑件形状，然后开模取出塑件。与热塑性塑料注射成型工艺比较，主要差异表现在熔体注入模具后的固化成型阶段。热塑性注射成型塑件的固化是一个从高温液相到低温固相转变的物理过程，而热固性注射成型塑件的固化却必须依赖于高温高压下的交联化学反应。由于这一差异，导致两者的工艺条件不同，因而其模具在结构上也有所不同。

4.4.2　塑件工艺分析

塑件如图 4.31 所示，为水壶盖所使用的手柄结构，其材料为酚醛塑料（PF），俗称电木粉。它是一种应用广泛的热固性塑料，其成分以酚醛树脂为基础加入了各种纤维或粉末而组成，模具设计时取收缩率为 1.2%。从产品结构图可以看出，若采用注射成型工艺，要实现塑件的自动脱模，必须有两个分型面。即以 ϕ74mm 的底面作为 A 分型面，以手柄的中心轴线为 B 分型面，对于 B 分型面必须采用瓣合模的结构形式。要成型 M5 的螺纹孔，可以采用自动退螺纹的机构来实现，但模具的成本较大，加工制作难度也较高。为了降低模具成本，便于模具加工，可以采用活动的螺纹型芯镶件，在注射成型取出塑件后，手工将螺纹型芯镶件从塑件上取出。采用这种结构，可以使模具的整体结构极为简单，同时也降低了制造上的难度，缩短了制模周期。

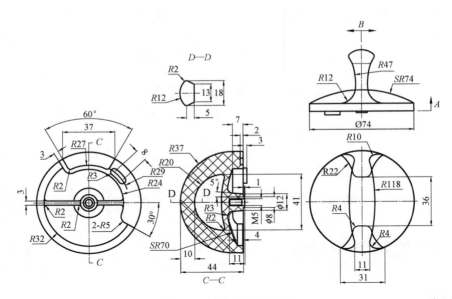

图 4.31　手柄塑件产品图

4.4.3　模具结构及其工作过程

　　该模具属热固性塑料斜滑块瓣合模结构。模具结构如图 4.32 所示。根据产量的要求，模具采用一模两腔的结构形式。为了满足热固性塑料成型过程中，主流道和分流道应尽可能短的要求，以达到快速充模，防止在流道中产生早期硬化，并能减少不能回收利用的流道废料的目的，A 分型面的开模方向选择了如图 4.31 所示的方向。除此之外，还可以将活动型芯镶件放置在定模型芯中，避免了将活动型芯镶件放在动模时，合模过程会导致活动型芯镶件的不稳定因素。

1. 模具的结构组成

　　（1）模具的定模部分。模具的定模部分包括以下零件：定模座板、定模板、浇口套、定位圈、导套、成型螺纹型芯镶件杆、定模型芯镶件、防转圆柱销、平端紧定螺钉、压缩弹簧、开模弹压销和连接螺钉等零配件。

　　由于热固性注射塑件的固化是依赖于高温高压下的交联化学反应，因此，模具的温度要求比喷嘴和料筒高。其模具的温度是影响热固性塑件硬化定型的关键因素，直接关系到成型质量的好坏和生产效率的高低。对定模部分要求模温控制在 150～220℃的范围内。为此在模具的定模部分，于定模座板 1 和定模板 2 之间沿长度方向开设了两条通槽，以安装加热所用的电热棒。

　　（2）模具的动模部分。模具的动模部分包括以下零件：动模板、限位块、斜导柱、滑块、垫块、支承柱、推杆、复位杆、推杆固定板、推杆垫板、动模座板和连接螺钉等零件。

　　动模的模温要求控制在 160～235℃的范围内。在动模部分的动模垫板和支承板之间沿宽度方向开设了四条通槽，以安装加热所用的电热棒。

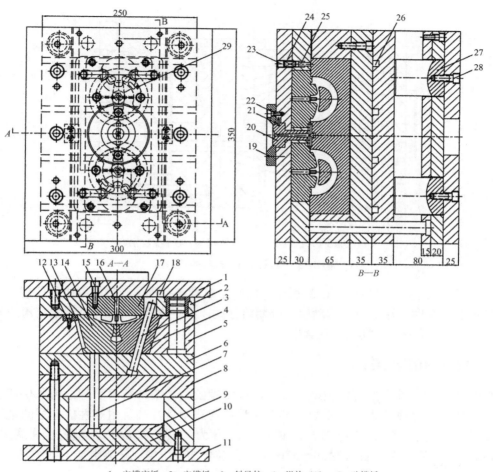

1—定模座板；2—定模板；3—斜导柱；4—滑块（1）；5—动模板；
6—动模垫板；7—推杆；8—支承板；9—推杆固定板；10—推板；11—动模座板；
12、15、22、28—内六角螺钉；13—限位块；14—滑块（2）；16—成型螺纹型芯镶件；
17—定模型芯镶件；18—定模加热用电热棒安装槽；19—定位圈；20—浇口套；21—防转圆柱销；23—平端紧定螺钉；
24—压缩弹簧；25—开模弹压销；26—动模加热用电热棒安装槽；27—支承柱；29—定模型芯防转销

图 4.32　模具结构装配图

2．模具的工作过程

将制作好了的模具装配到专用的热固性塑料卧式注射机上，合模前先将成型螺纹型芯镶件 16 放入定模型芯镶件 17 中，放置时要注意镶件上螺纹的位置，不可放反。合模后利用安装到模具中的电热棒对模具加热到所需要的温度后，进行注射填充。待热固性塑料在模内固化成型后，动模向后移动打开模具。在开模的过程中，开模弹压销 25 在压缩弹簧 24 的弹力作用下（弹簧弹力的大小在此之前可由平端紧定螺钉 23 调到合适的程度），向后推压滑块 4 和滑块 14，使其在开模的过程中留在动模。此时，滑块中的拉料穴拉出浇口套中已硬化的浇道废料，成型螺纹型芯镶件 16 被固化在塑件中留在滑块内。随后由注射机的顶杆推动着固定在推杆固定板 9 和推板 10 之间的推杆 7，继而推动滑块，滑块在被推动的过程中沿着斜导柱 3 移动，并向外分开，使塑件自行脱离滑块。滑块移动的距离由用内六角螺钉 12 固定在动模板 5 上的限位块 13 限定，以防脱离模具。

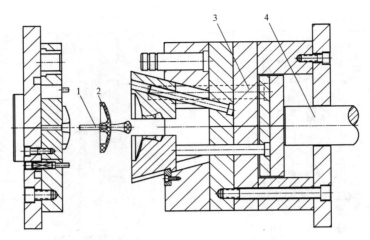

1—成型螺纹型芯镶件；2—塑件；3—复位杆；4—注射机的顶杆

图 4.33　模具结构开模后的状态图

模具开模后的状态图如图 4.33 所示。此时，模具已完成了一次注射成型周期。再次放入螺纹型芯合模时，注射机上的动模部分朝前移动，由定模板的 *A* 分型面反压滑块和复位杆 3，使推出机构复位，模具顺利合模。

4.4.4　模具的成型零件

模具的成型零件主要有定模型芯镶件、成型螺纹型芯镶件和滑块等。为了保证注射成型后塑件的尺寸精度要求，定模型芯镶件和滑块均选用韧性高且耐热性能良好的进口热模钢，钢材为瑞典一胜百纯洁钢材，钢材的型号为 ORVAR 8407。型腔面的粗糙度为 $Ra0.4\mu m$，淬火后的表面硬度为 50～55HRC。型腔表面采用电火花放电加工制作。

1．定模型芯镶件

定模型芯镶件是主要成型塑件内表面型芯部分的成型零件，镶嵌安装在模具的定模板内，用螺钉与定模板相连在一起。成型螺纹型芯镶件在合模前被安放在定模型芯镶件中，成型后与塑件一起被取出，可反复地使用。

定模型芯镶件的具体结构如图 4.34 所示。

2．动模滑块

要成型手柄的外表面，必须采用瓣合模的结构形式。因此，模具在动模型腔部分采用了滑块瓣合结构，以实现开模后，由顶出机构推动滑块沿斜导柱滑动，从而使手柄从型腔中脱出。动模滑块瓣合结构如图 4.35 所示。

4.4.5　模具的浇道系统

该模具的浇注系统采用了侧浇口进料的结构形式。模具的浇注系统包括主流道、分流道、拉料穴和侧浇口。主流道由浇口套形成，分流道分别沿分型面开设在动模型芯镶件和动模瓣合滑块上。为了保证浇口套上开设的分流道与定模型芯镶件上的位置一致，固定浇口套时，要安装防转的圆柱销。拉料腔开设在两个滑块的 *B* 分型面上对正主流道的末端，以收集料流前端因局部过热而提前硬化的熔料。拉料腔制作成倒锥形结构，以便在注射成型后开模时拉出浇口套中已硬化的主流道废料。因拉料腔开设在 *B* 分型面上，模具开模后可自动分开取出，其底部不必安装顶杆来顶出浇道废料。浇注系统如图 4.36 所示。

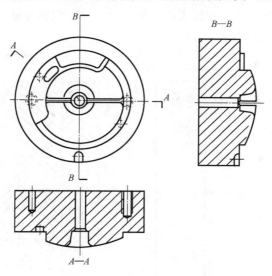

图 4.34　定模型芯镶件结构图

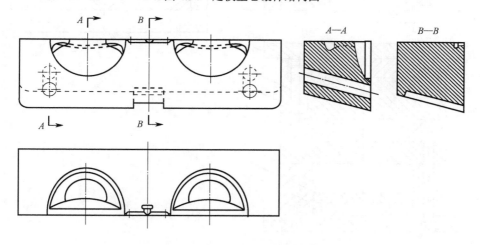

图 4.35　动模滑块瓣合结构图

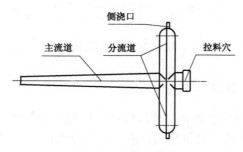

图 4.36　浇注系统图

4.4.6　模具所用标准模架的结构

模具选用了标准模架，其型号为 2535-AI-A 板 30-B 板 65，并增加了一块支承板，以承受热固性塑料在成型过程中所需要较大的注射压力，并固定斜导柱。

模架的结构图如图 4.37 所示。

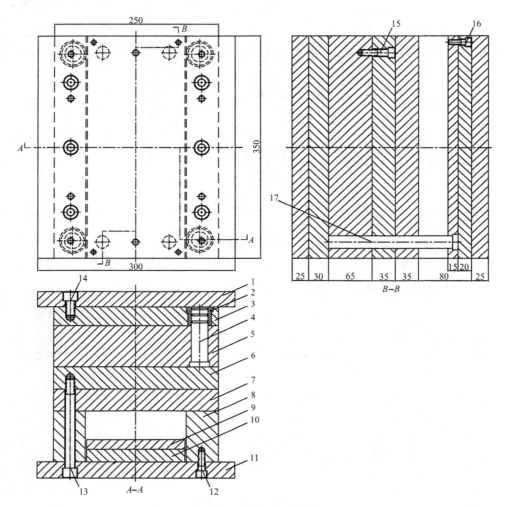

1—定模座板；2—导套；3—定模板；
4—导柱；5—动模板；6—动模垫板；7—支承板；8—支承块；
9—推杆固定板；10—推板；11—动模座板；12、13、14、15、16—内六角螺钉；17—复位杆

图 4.37　模架结构图

4.4.7　模具的排气系统设计

为了排出热固性注射塑件在硬化定型过程中产生的大量气体，需要在滑块的 *A* 分型面上，沿型腔周边开几条排气槽，排气槽的深度可取为 0.08mm，宽度取 6mm。为了防止阻塞排气槽的通道，模具合模后在定模板和动模板之间需留有 0.8～1mm 的间隙，同时这也保证了模具在 *A* 分型面压紧滑块后，两个滑块在 *B* 分型面能紧密贴合，不在 *B* 分型面产生溢料

现象。当然，为了保证此处不产生溢料，模具合模后在两个滑块与动模垫板之间也需留有 0.3～0.5mm 的间隙，以使两个滑块在合模时，其斜面受压贴合，从而使两个滑块在 *B* 分型面不产生间隙。

模具的排气间隙结构示意图如图 4.38 所示。

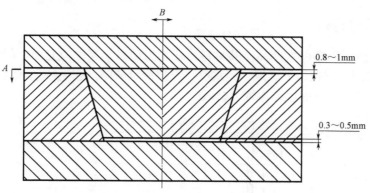

图 4.38　模具的排气间隙结构示意图

4.4.8　模具的顶出脱模机构

模具的顶出机构采用了最常用的顶杆顶出机构。从图 4.32 所示的模具结构和图 4.33 所示的模具开模后的状态图可以看出，顶杆并没有直接顶出塑件产品，而是在开模后作为动力源推动滑块。当滑块被顶杆推动并沿固定在动模上的斜导柱滑动时，两个滑块在 *B* 分型面自动分开，塑件带着成型螺纹型芯镶件从滑块中自行脱落下来。

当两个塑件成型后在滑块中收缩不均匀时，有时也会出现留在一个滑块上的现象。这时可由手工用胶锤将塑件轻轻击落即可。

4.4.9　模具在注射成型过程的注意事项

热固性塑料在注射成型过程的工艺参数的选用是非常重要的。尤其是对温度的控制，直接影响产品质量和成型周期。注射机的后段（加料侧）温度可控制在 20～70℃，前段（喷嘴侧）温度要控制在 70～95℃，喷嘴的温度则要控制在 75～100℃。模具的温度，定模部分要控制在 150～220℃，动模部分则要控制在 160～235℃，注射压力要控制在 100～170MPa 之内，保压时间取 10～20s。在注射成型过程中要注意排气。除了依靠排气系统排气外，有时还需要卸压开模放气。开模取出塑件后，每次还必须用高压空气枪吹出已硬化了的废料微粒，以防进入浇注系统，阻碍成型充模过程。同时，由于模具和塑件的温度都比较高，在操作时须佩戴好耐热防护手套，以免手被烫伤。

4.5　大水口透明塑料盒注射模

4.5.1　概述

对透明塑料盒类产品的注塑加工，通常采用细水口结构从产品底部中心进料的方式。这样所成型的产品因细水口的浇口痕迹小，对外观质量的影响也比较小，同时在开模时可自动切除浇口，实现全自动生产过程。例如，如图 4.16 所示的透明塑料盒盖注射模结构。

对于生产批量比较小的透明塑料盒，有时也可以采用大水口的模具结构。这样可以使模具结构简单，易于加工。当然生产出来的塑件必须要进行后处理加工，在手工剪除浇道凝料后，为了使外观质量满足要求，必须用钻床在夹具上对产品的浇口处进行加工。

4.5.2 塑件工艺分析

如图 4.39 所示的塑料盒产品，其材料为亚加力塑料，表面为光面，颜色为白色透明。外观质量要求表面无刮花、无黑点、无水纹、无披锋等缺陷。在无特别标明时，所有尺寸公差为±0.1mm。模具设计时收缩率取 0.6%。

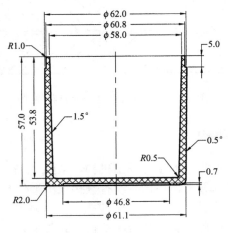

图 4.39　塑件产品图

对于这一产品，其分型面选择在 ϕ60.8mm 的口部顶平面和 ϕ 62mm 高度为 5mm 的台阶位面。为了能均匀平稳地使熔料在注射成型过程中填充到模具型腔里，并将型腔内的气体从分型面和型芯镶件的间隙中排出，模具的进料口必须选在产品的底部中心位置。如果产品的产量大时，需要采用一模多腔的结构，则必须选择三板模形式的模架。如果产品的生产量较小时，为了简化模具的结构，易于模具加工制造，缩短制模周期和成本，也可采用大水口模架的结构形式。

4.5.3 模具结构及其工作过程

该模具属于大水口单腔注射模结构，模具结构如图 4.40 所示。

1. 模具的结构组成

（1）模具的定模部分。模具的定模部分包括以下零件：定模座板、定模板、浇口套、定位圈、导套、定模型腔镶件和连接螺钉等零配件。

（2）模具的动模部分。模具的动模部分包括以下零件：推板、动模板、支承块、动模座板、推杆固定板、动模型芯镶件、推杆垫板、复位杆、密封圈、导柱、直导套和连接螺钉等零件。

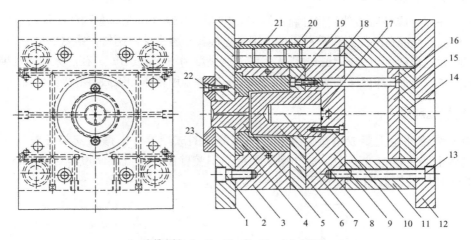

1—定模座板；2、10、13、19、22—内六角螺钉；
3—定模板；4—定模型腔镶件；5—浇口套；6—推板；
7—动模型芯镶件；8—隔水片；9—动模板；11—支承板；12—动模座板；14—推杆垫板；
15—推杆固定板；16—复位杆；17—密封圈；18—导柱；20—直导套；21—台阶导套；23—定位圈

图 4.40　模具结构装配图

2. 模具的工作过程

将制作好了的模具装配到卧式注射机上，合模后调整好注射机的各种成型工艺参数，进行注射填充。开模时，动模向后移动打开模具。再由安装在注射机的液压系统上的推杆推动模具的顶板脱模机构，将塑件从动模型芯镶件上推出，最后手工将塑件取下。

模具开模后的状态图如图 4.41 所示。此时，模具已完成了一次注射成型周期。合模时，注射机上的动模部分朝前移动，由定模板的分型面反向推动推板和复位杆，使推出机构复位，模具顺利合模。

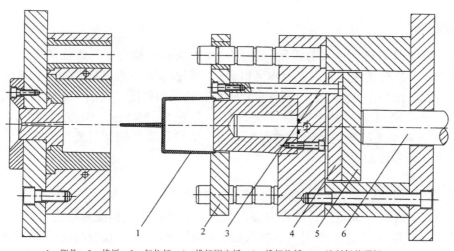

1—塑件；2—推板；3—复位杆；4—推杆固定板；5—推杆垫板；6—注射机的顶杆

图 4.41　模具结构开模后的状态图

4.5.4　模具的成型零件

如图 4.42 所示，模具的成型零件主要有定模型腔镶件、浇口套、推板和动模型芯镶件等。为了保证注射成型后塑件的尺寸精度要求，定模型腔镶件、浇口套和动模型芯镶件均选用高抛光度和加工性能良好的进口模具用钢，钢材为瑞典一胜百纯洁钢材，钢材的型号为 IMPAX 718S。型腔面的粗糙度为 $Ra0.4\mu m$，淬火后的表面硬度为 50～55HRC。在淬火后，定模型腔表面采用电火花放电加工制作，而浇口套和动模型芯镶件采用精车加工后再淬火和修配。

1．定模型腔镶件

定模型腔镶件是主要成型塑件外表面型腔部分的成型零件，镶嵌安装在模具的定模板内，由镶件上的台阶定位固定。与分型面垂直的型腔壁面，其脱模斜度单边为 0.5°。定模型腔镶件的具体结构如图 4.43 所示。

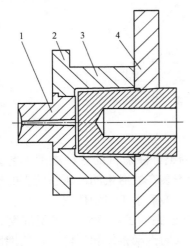

图 4.42　模具的成型零件

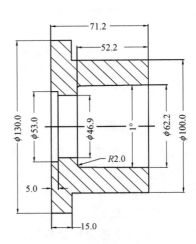

图 4.43　定模型腔镶件结构图

2．浇口套

浇口套要求具有透明性，若采用标准件，注射成型后将会在其底部留下一个明显的痕迹，影响产品的外观质量。因而在制作浇口套时，可根据产品在其底部有一台阶的结构特点来加以利用。设计制作的浇口套，既具有定模型芯镶件的作用，又制作成浇口套的结构。如图 4.44 所示的浇口套，其主浇道在浇口处的直径为 5.4mm，锥度为 3°，其长度为 46.7mm，与注射机上的喷嘴所配合的面为球面，其半径要根据注射机上的喷嘴的球面半径来确定，通常取值为 $SR19mm$。

3．动模型芯镶件

动模型芯镶件主要成型塑件的内表面，其内表面壁的脱模斜度单边为 1.5°，与顶板相配合的面为锥度为 10°的圆锥面。这种圆锥面的配合既能保证顶板与动模型芯镶件的配合精度，又能保证良好的封胶，同时对顶板的顶出过程无摩擦阻碍。这样具有相对滑动的配合面通常采用圆锥面配合，其锥度通常取 5°～15°，其配合面的高度通常取 15～30mm。动模型芯镶件结构图如图 4.45 所示。其中心孔 $\phi25mm$ 是采用模芯隔片循环冷却水道与隔片相配合的孔位。

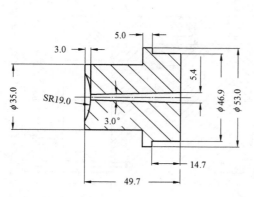

图 4.44 浇口套零件结构图

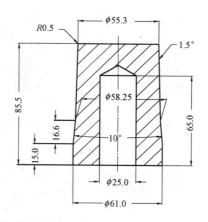

图 4.45 动模型芯镶件结构图

4．动模顶板

动模顶板是注射成型后实现脱模的主要零件，在该模具中用内六角螺钉连接到复位杆上，当注射成型完成后，模具经过冷却系统的冷却，塑料固化成型后收缩在动模型芯镶件上，开模后由顶板将塑件从型芯上顶出。在该模具中，有一部分型腔要采用电花放电加工在顶板上。此外，在顶板的分型面上于型腔的周边沿径向还要均匀分布地开设一些排气槽，以排出注射填充过程中型腔内的气体。

该模具的顶板实现了三个功能作用：

（1）作为顶出脱模机构的主要零件，顶板顶出塑件。

（2）作为排气系统的主要零件，在顶板的分型面上开设排气槽。

（3）作为成型零件的一部分，成型口部台阶型腔。

因而，在注射模的结构中，很多零件具有综合使用的功能作用。在对结构进行分类的同时，主要根据零件在模具中的实际作用来加以理解，灵活掌握其具体的应用情况。动模顶板结构图如图 4.46 所示。

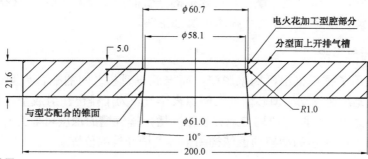

图 4.46 动模顶板结构图

4.5.5 模具的标准模架的选择

模具选用标准模架，其型号为 2020-DI-A 板 70-B 板 50，其结构图如图 4.47 所示。

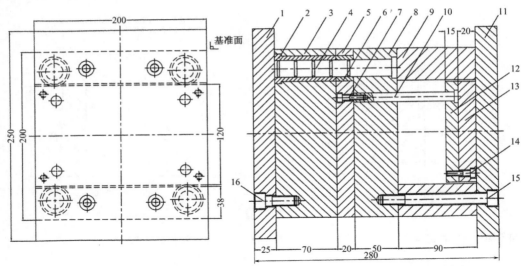

1—定模座板；2—导套；3—定模板；4—导柱；5—推板；6—直导套；7、14、15、16—内六角螺钉；
8—动模板；9—支承块；10—复位杆；11—动模座板；12—推杆固定板；13—推杆垫板

图 4.47　模架结构图

4.5.6　模具的冷却和排气系统

1．模具的冷却系统

模具的冷却系统是依照型腔和型芯在模具内的位置和结构来加以考虑的。对于定模部分，其冷却系统是直接在定模板上开设循环水道来控制模温的。从图 4.40 模具结构装配图中可以看出，循环冷却水道采用的是单层的结构。为了更好地控制模温，使模具能充分冷却，以缩短成型周期，也可根据定模板的厚度采用双层冷却或多层冷却。

动模冷却系统是在动模型芯镶件内采用隔片的结构来循环冷却的。其冷却水道开设在动模板上，在进入模芯后经过隔片使模芯的热量通过循环冷却水道从动模板的另一边带走。为了防止模具漏水，在动模型芯镶件与动模板的结合面上要安装"O"形橡胶密封圈。隔片的材料通常采用黄铜来制造，以防止在水中腐蚀生锈。

2．模具的排气系统

由于模具采用了推板推出机构来脱模，而推板与型芯之间的配合为圆锥面的配合，其密封性好，所以无法通过动模型芯镶件的间隙来排气。为了排出注射成型过程中的气体，需要在推板的分型面上沿型腔周边均匀地开设排气槽，排气槽的深度可取为 0.03mm，宽度取6mm。参看如图 4.46 所示的动模顶板结构图中排气槽开设的位置。

4.5.7　模具的顶出脱模机构

模具的顶出机构采用了顶板顶出的脱模机构。从图 4.41 所示的模具开模后的状态图可以看出，顶板仅仅是将塑件产品从动模型芯镶件上顶脱了下来，塑件依然还保留在顶板的模腔中无法自行脱落下来，必须要用手工将产品从顶板上取出来。如果要使产品自动脱落，必须采用二次顶出机构，使脱离了动模型芯镶件的产品，再从顶板上被顶出而自动脱落。不过

二次顶出机构较为复杂，会使模具的制造成本增大。当考虑到模具的经济性时，可综合考虑以上的问题。

顶板与动模型芯镶件所采用的锥面配合可参考如图 4.46 所示的动模顶板结构图。

4.6　塑料手柄注射模

塑料手柄产品结构图如图 4.48 所示。这种手柄主要用于不锈钢茶杯、双层金属茶具等日常用品上，其材料为 ABS 塑料。手柄的表面要求喷油处理，其颜色为黑色。表面外观的质量要求无流水纹、气泡、收缩痕和披锋等缺陷。手柄的两个长方形孔要求与焊接在茶杯表面的金属片牢固地配合在一起，不能松脱。手柄与茶杯表面的弧面相配合的地方不允许有间隙。

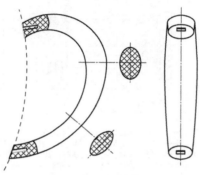

图 4.48　塑料手柄产品图

4.6.1　产品结构工艺分析

根据产品的结构特征和采用注射成型工艺的特点，考虑选择分型面和模具的结构时，有两种方案可供选取。

方案一：水平分型面可选在手柄与茶杯相配合的圆弧面上，沿着长方孔的深度方向使手柄在注射成型后顶出脱模，而以手柄的对称中心线作为垂直分型面，采用瓣合的结构，以斜导柱侧向分型抽芯机构在注射成型后抽出手柄圆弧凹位。浇注系统开设在垂直分型面上，浇口开设在手柄的下部位置，使手柄与茶杯装配后，浇口处于不显眼的地方，以保证产品的整体外观质量的要求。

方案二：以手柄的对称中心线作为分型面，长方孔位在注射成型后，开模时通过斜导柱侧向分型抽芯机构抽出。浇注系统直接开设在分型面上以侧浇口进料，浇口同样开设在手柄的下部位置。产品脱模时，因型腔深度较浅，且手柄的椭圆形截面容易脱模，可通过顶针顶出侧浇口位的浇道部分带动产品脱模。

对两种方案进行比较可发现，方案一以圆弧面作为水平分型面的同时，必须增加一个垂直分型面，使手柄的圆弧凹位先抽出后，才能使产品顶出脱模。在采用侧向分型抽芯时，因手柄的圆弧凹位较高，滑块的厚度要求较厚，会使模具的整体厚度增大，模具的质量加重。既使模具在制造上增加了难度，又使材料的成本较高。因此方案一有很大的不足之处。

采用方案二，其分型面为平面分型结构，易于加工制造。采用斜导柱侧向分型抽芯机构时，其厚度上比较合适，产品的脱模也比较容易。因此选择方案二较为有利。

4.6.2 模具结构及其工作过程

该模具属于斜导柱侧向分型与抽芯机构类的模具。

1. 模具的结构组成

根据方案二和产量的要求，模具结构采用一模四腔的结构形式，模具结构装配图如图 4.49 所示。

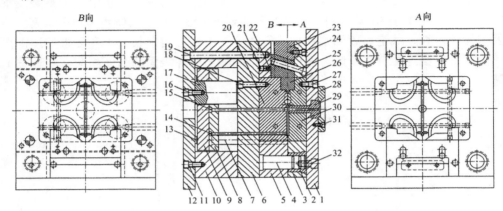

1—定模座板；2—导套；3—定模板；4—导柱；5—动模板；6—动模垫板；
7—复位杆；8—顶针固定板；9—推板；10—支承块；11、16、18、19、24、27、31、32—内六角螺钉；
12—动模座板；13—限位钉；14、15—顶针；17—支承柱；20—动模型腔镶件；21—平端紧定螺钉；
22—球头限位柱塞；23—锁紧块；25—斜导柱；26—滑块；28—定位圈；29—浇口套；30—定模型芯镶件

图 4.49　模具结构装配图

（1）模具的定模部分。模具的定模部分包括以下零件：定模座板、定模板、浇口套、定位圈、导套、定模型腔镶件、斜导柱、锁紧块和连接螺钉等零配件。

（2）模具的动模部分。模具的动模部分包括以下零件：滑块、动模板、动模垫板、支承块、动模座板、推杆固定板、推杆垫板、动模型腔镶件、复位杆、支承柱、导柱、顶杆、球头限位柱塞和连接螺钉等零件。

2. 模具的工作过程

模具合模后安装到卧式注射机上，在一定的注射压力的作用下，通过喷嘴将塑料熔体沿浇注系统均匀地注射到模具的型腔中，并将型腔中的气体从定模板和动模板之间的分型面上所开设的排气槽，以及与滑块相配合的间隙中排出，完成注射过程。在循环冷却系统的作用下，熔体在型腔中冷却成型。

图 4.50 所示为模具的开模状态图。开模时，定模部分固定在注射机的定模连接板上不动，斜导柱 3 固定在动模上也不动。动模部分向后移动时，滑块 5 上的斜面与锁紧块 2 分开，通过动模板上的滑槽拉动滑块 5，使滑块 5 沿开模方向运动的同时沿斜导柱 3 作侧向抽芯运动，抽出成型后的塑件 4 的方孔位。当滑块 5 移动抽芯距 S 后，滑块 5 由球头限位柱塞 6 定位完成开模动作。然后由注射机的液压系统带动顶杆 13 推动模具的推板 9 和顶针固定板 8，推动顶针 7 顶出留在动模型腔镶件上的浇道凝料 11，并由浇口带动塑件 4 脱离动模型腔。

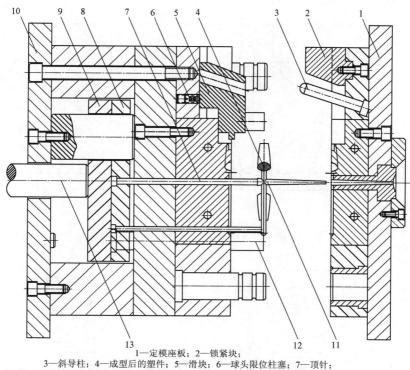

1—定模座板；2—锁紧块；
3—斜导柱；4—成型后的塑件；5—滑块；6—球头限位柱塞；7—顶针；
8—顶针固定板；9—推板；10—动模座板；11—浇道凝料；12—复位杆；13—注射机的顶杆

图 4.50　模具的开模状态图

合模时动模向前移动，滑块在斜导柱的拨动下，克服球头限位柱塞的限制作用合模复位，并由锁紧块锁定。与此同时，定模板上的分型面推压复位杆使顶出机构合模复位。

4.6.3　模具的成型零件

模具的成型零件主要有定模型腔镶件、动模型腔镶件和侧型芯等零件所组成。

为了减少因以手柄的对称中心线作为分型面而导致在定模型腔和动模型腔合模时产生错位，动模型腔镶件和定模型腔镶件均采用整体通孔无台阶嵌入式结构，加工时动模和定模板上的通孔合模装夹在电火花线切割机上开出。型腔部分则采用同一整体式电极电火花放电加工而成。

为了能承受在高温高压下塑料熔体料流的反复冲刷，动模型腔镶件和定模型腔镶件均采用 738 模具用钢，热处理使表面硬度达到 50～55HRC。并在模具中分别嵌入动模和定模板后用螺钉固定在动模垫板和定模座板上。

1．定模型腔镶件

定模型腔镶件的结构如图 4.51 所示，其中心也需与浇口套配作加工。

2．动模型腔镶件

动模型腔镶件的结构如图 4.52 所示，其结构与定模型腔镶件基本相同，所不同的是减少了中间的大孔，而增加了三个浇道顶杆孔。

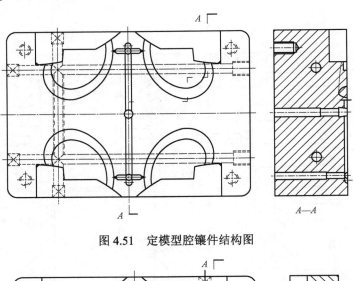

图 4.51　定模型腔镶件结构图

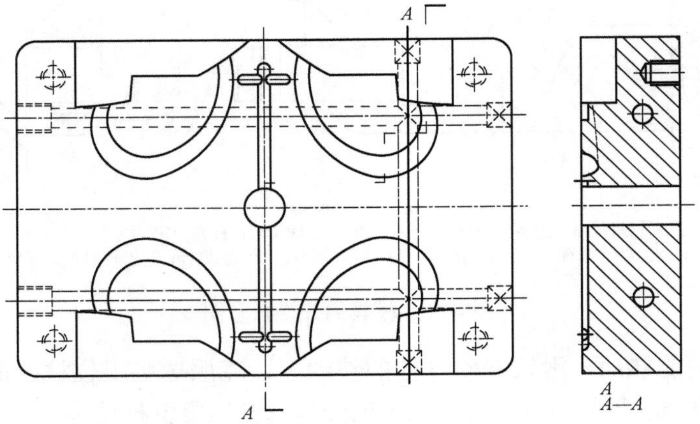

图 4.52　动模型腔镶件结构图

　　需要注意的是顶杆孔与顶杆相配合的部分，其深度为顶杆直径的 2 倍，约为 10～15mm 左右，其余部分的单边间隙为 0.15～0.5mm，其目的是减少配合的长度，以利于加工和装配。

4.6.4　模具的冷却系统

　　为了更好地控制模温，以缩短注射成型周期，提高产品制件的质量，模温控制系统采用了在型芯上开设冷却循环水道的结构形式，以保证模具能充分冷却，达到比较理想的温控效果。

　　冷却循环水道的开设参考如图 4.51 所示的定模型腔镶件结构图和如图 4.52 所示的动模型腔镶件结构图。

4.6.5　模具的浇注系统

　　模具的浇注系统采用的是最常用的普通浇注系统结构，由主浇道、分浇道、冷料穴和侧浇口四个部分所组成，如图 4.53 所示。

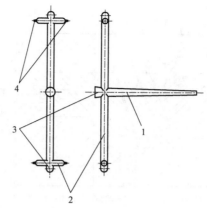

1—主浇道；2—分浇道；3—冷料穴；4—侧浇口

图 4.53　浇注系统结构图

主浇道将熔体从喷嘴引入模具到分浇道为止，主要由浇口套形成。

分流道开设在镶件的分型面上，其截面为圆形截面，因此，在定模型腔镶件和动模型腔镶件相配合的分型面均开设有分浇道，加工过程中要尽可能保持两个镶件的半圆形截面的中心线重合。分浇道采用平衡式对称布置，以保证塑料熔体在注射填充型腔时能均衡进料，使产品的一致性较好。

冷料穴开设在主浇道和分浇道的末端，起收集和储藏冷料的作用，以防在注射填充的过程中前锋冷料堵塞浇口，或进入型腔影响产品制件的质量。

侧浇口的尺寸狭小且短，其目的是使料流进入型腔前加速，便于快速充满型腔，且又有利于封闭浇口，防止熔料倒流，同时还便于成型后塑件制品与浇道凝料的分离。

4.6.6　斜导柱侧向分型抽芯机构

当塑件上具有与开模方向不一致的侧孔、侧凹或凸台时，在脱模之前必须先抽掉侧向成型零件，否则会受其影响使产品无法从模具中脱出。这种带动侧向成型零件移动的机构称为侧向分型抽芯机构。在侧向分型抽芯机构中最常用的典型结构是斜导柱分型抽芯机构。

在模具中因塑件有长方形孔位与开模方向垂直，当注射成型完成后，必须先抽出塑件长方形孔位的侧型芯，才能使塑件沿开模方向顶出，因此，需要采用斜导柱侧向分型抽芯机构。

1．斜导柱侧向分型抽芯机构的结构组成

斜导柱侧向分型抽芯机构的结构组成如图 4.54 所示，主要由斜导柱、滑块、球头限位柱塞和锁紧块等零件所组成。

2．斜导柱侧向分型抽芯的原理

斜导柱分型抽芯机构是在开模的过程中利用斜导柱等零件将开模力传递给固定在滑块上的侧型芯，使之产生侧向移动来完成抽芯动作的。该机构的特点是结构紧凑、动作安全可靠、加工制作方便。由于该机构的抽芯距和抽芯力受到模具结构的限制，一般用于抽芯距和抽芯力不大的场合。

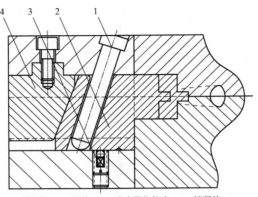

1—斜导柱；2—滑块；3—球头限位柱塞；4—锁紧块

图 4.54　斜导柱侧向分型抽芯机构结构图

其动作原理：开模时，固定在定模板上的斜导柱不动。动模向后移动时，滑块上的斜面与锁紧块分开，通过动模板上的滑槽拉动滑块，使滑块沿开模方向运动的同时沿斜导柱作侧向抽芯运动，抽出产品的方孔位。当滑块移动抽芯距后，滑块由球头限位柱塞定位完成开模动作。合模时动模向前移动，滑块在斜导柱的拨动下，克服球头限位柱塞的限制作用合模复位，并由锁紧块锁定。

3．斜导柱抽芯的主要参数

如图 4.55 所示，斜导柱分型抽芯机构的主要参数有以下几个。

（1）抽芯距 S。抽芯距是指将侧型芯抽至不妨碍塑件脱模位置的距离，用 S 表示。抽芯距的大小主要依照产品的侧孔、侧凹或凸台的深度来确定。一般情况下，抽芯距的大小等于成型塑件的侧孔深或凸台的高度再加上 2～3mm 的安全系数。

塑件产品的长方形孔的深度为 $S_1=7mm$，抽芯距 S 的取值为 $S=S_1+3mm=10mm$。

（2）斜导柱的倾斜角 α。斜导柱轴向与开模方向的夹角称为斜导柱的倾斜角，用 α 表示。α 的大小对斜面导柱的有效工作长度、抽芯距和受力状况等起着重要的作用，它是决定斜导柱抽芯机构工作效果的重要参数。

从斜导柱的结构考虑，在抽芯距 S 一定的情况下，α 的值越小，则斜导柱的工作长度和开模行程均要增大。斜导柱的工作长度过大会使斜导柱的刚性下降，而开模行程的值要受注射机行程的限制，因此希望 α 的值大一些好。

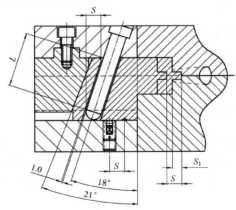

图 4.55　斜导柱抽芯机构的主要参数

从斜导柱的受力情况来看，当 α 的值增大时，要获得相同的抽芯力，则斜导柱上所受的弯曲力增大，所需的开模力也要增大，斜导柱易产生弯曲变形且注射机需要有较大的开模力。因此又希望 α 的值小一些好。

综合以上两方面的情况，通常斜导柱的倾斜角取 $\alpha=22.5°$ 。一般在设计时，$\alpha<25°$，常用取值范围是 $12°\leqslant\alpha\leqslant22°$ ，可取中间值为 $\alpha=18°$ 。

（3）锁紧块的楔角 β。在侧抽芯机构中，锁紧块的楔角 β 是一个重要的参数。它是指锁紧块与滑块的配合面同开模方向的夹角。通常情况下锁紧块的楔角 β 必须大于斜导柱的倾斜角 α。其取值为 $\beta=\alpha+2°\sim3°$ 。常取中间值 $\beta=21°$ 。其目的是为了保证在合模时能压紧滑块，而在开模时又能迅速脱离滑块，从而避免锁紧块影响斜导柱对滑块的驱动。

（4）斜导柱的工作长度 L。斜导柱的工作长度由抽芯距 S 和倾斜角 α 所决定。即 $L=S/\sin\alpha=10/\sin18°$ 。

（5）斜导柱与滑块孔的配合。斜导柱与滑块孔的配合间隙取 $0.5\sim1mm$，以保证运动的灵活性，同时使滑块的运动滞后于开模动作，以便分型面先打开一定的缝隙，让锁紧块先离开滑块斜面后，斜导柱再驱动滑块作侧向抽芯运动。

4．斜导柱的结构

斜导柱的结构如图 4.56 所示，其截面通常为圆形。斜导柱的直径 d 由所受弯曲力的大小来确定。通常先按所需的脱模力和斜导柱的倾斜角的大小查询《塑料模具设计手册》来确定。

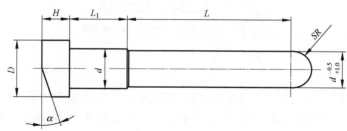

图 4.56　斜导柱的结构

从图 4.56 中可看出，斜导柱 d 的长度 L_1 为与定模板相配合的长度，其配合关系为 H7/k6。斜导柱的有效工作长度 L，其直径与滑块孔之间保持 $0.5\sim1mm$。固定台阶的高度为 $H=8\sim15mm$，固定台阶的直径 $D=d+5mm$。斜导柱的头部为球面 SR，以便合模时进入滑块的斜孔中。固定台阶的顶面倾角为斜导柱的倾斜角 α，以便装配时与定模座板配合一致。

5．滑块的结构

滑块采用两腔整体式结构，其与型腔的配合面为曲面配合，以满足产品结构所要求的形状。其导滑槽在动模板上开设为 T 形整体式结构，使模具结构紧凑。滑块的结构图如图 4.57 所示。

6．滑块的定位

滑块的定位是采用标准件球头限位柱塞来限位的。球头限位柱塞安装在滑块下的动模板上，在合模状态下，与球头限位柱塞相距抽芯距 S 的地方，于滑块底面开设一个 90°的锥穴。开模时斜导柱驱动滑块移动抽芯距 S 后，球头限位柱塞上的钢珠在压缩弹簧的作用下，顶在滑块底面的 90°的锥穴中，以限定滑块开模后的位置，保证合模时，斜导柱能顺利地进入滑块的斜孔中。

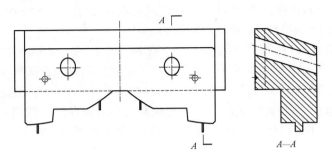

图 4.57　整体式滑块结构图

球头限位柱塞为标准件，其结构如图 4.58 所示。

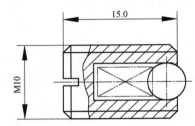

图 4.58　球头限位柱塞标准件结构图

7. 锁紧块结构

在注射成型过程中，侧型芯会受到型腔内熔融塑料较大的推力作用，这个力会通过滑块传给斜导柱，而一般情况下斜导柱为一细长杆，受力后很容易变形。因此必须设置锁紧块，以便在合模状态下能压紧滑块，承受型腔内熔融塑料给予侧向成型零件的推力。锁紧块的结构如图 4.59 所示。

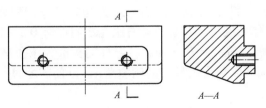

图 4.59　锁紧块结构图

4.6.7　模具的标准模架

模具选用标准模架，其型号为 3030-AI-A 板 40-B 板 60。模架的结构图如图 4.60 所示。

4.6.8　模具的排气系统和顶出机构

模具的排气系统是在分型面上的定模型腔镶件和动模型腔镶件上开设排气槽。排气槽的深度小于或等于 ABS 塑料的溢料值 0.04mm，宽度为 6mm 左右，其位置为熔料填充的末端处。

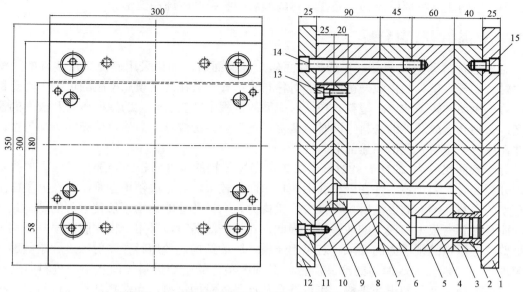

1—定模座板；2—导套；3—定模板；4—导柱；5—动模板；6—动模垫板；
7—复位杆；8—推杆固定板；9—推杆垫板；10—支承块；11、13、14、15—内六角螺钉；12—动模座板

图 4.60　标准模架结构图

模具的顶出脱模机构为常用的顶杆顶出机构。因型腔的截面为椭圆形变截面形式，以最大截面作为分型面后很容易脱模，顶杆只须顶在浇道凝料上就能将产品带出来。

4.7　电器盒面盖注射模

4.7.1　概述

图 4.61 所示为正方形的电器盒面盖产品结构图，其最大截面尺寸为 221mm×221mm，壁厚为 2.5mm，材料为 PC 塑料，颜色为乳白色。

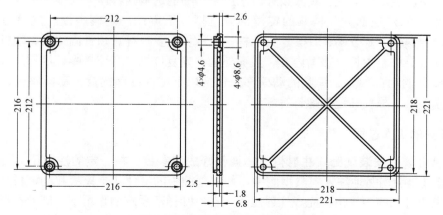

图 4.61　电器盒面盖产品结构图

产品的表面质量要求无流水纹、气泡、收缩痕、翘曲变形和披锋等外观缺陷。

产品的正面有四个可用来安装螺钉的沉头孔位。背面沿方形的对角线设有两条交叉的加强筋，以防止这种薄壁型的产品在注射成型后因收缩产生翘曲变形。

4.7.2 产品结构工艺分析

对于这种薄壁型的产品，在选择底面作为分型面后，如果采用侧浇口从塑件的一侧进料注射，需要将模具制作成一模两腔的对称布置形式，且在注射填充型腔的过程中其流程较长。对于流动性较差的 PC 塑料，在注射成型的过程中需要有较大的注射压力及较高的模具温度，否则会造成塑件的缺料。同时，侧浇口进料也会造成该产品注射填充的不均匀性，使塑件在注射成型后表现出明显的取向性。

对于截面尺寸为 221mm×221mm 的方型薄壁结构的零件而言，当选择了最大的投影面作为分型面时，由于该零件在分型面上的投影面积较大，会造成锁模困难，并在分型面上产生严重的溢料，因而需要注射机有很大的锁模力。一模两腔的结构不仅使模具的整体尺寸增大，而且需要有很大锁模力的注塑机。因此，对该产品而言，采用一模一腔的模具结构可以满足普通注塑机的锁模力的要求。若采用一模一腔的结构，使熔料在注射的过程中能够平稳均匀地填充，以保证成型后的产品质量，必须在塑件的中心进料。而从中心进料有两种方式，即可选择从产品的正面进料，也可选择从产品的背面进料。当选择从正面进料时，模具必须采用三板模的细水口结构，并对产品成型后的外观质量有一定的影响。因而模具设计时，将浇口选择在产品的背面中心位置。

由于产品成型后会留在带有加强筋的背面一侧，因而模具的顶出脱模机构必须设在产品的背面一侧，这一点也正好符合产品外观质量的要求。为此，模具的结构需采用从定模一侧顶出塑件的结构形式。

4.7.3 模具结构及其工作过程

1．模具的结构

该模具属于热流道定模顶出塑件的模具结构类型。模具结构装配图如图 4.62 所示。从装配图中可以看出，其模具结构是在传统的结构形式的基础上采用了反向倒装的形式，以实现从定模一侧顶出塑件的结构形式。同时为了解决因 PC 塑料的流动性较差所带来的进料问题，要求其主流道尽可能短。模具设计时采用了热嘴的进料结构。

（1）模具的定模部分。模具的定模部分包括以下零件：定模座板、定模垫板、定模板、定模型腔镶件、定位圈、导套、支承柱、支承块、复位杆、顶杆固定板、顶杆垫板、顶板导套、顶板导柱、顶杆、热嘴内套、热嘴外套、先复位机构和连接螺钉等零配件。

（2）模具的动模部分。模具的动模部分包括以下零件：动模板、动模座板、动模型腔镶件、动模型芯、导柱和连接螺钉等零件。

2．模具的工作过程

将模具合模后安装到卧式注射机上，调整好成型参数。在一定的注射压力下使塑化的 PC 熔料通过热嘴均衡地注入模具型腔中，并将型腔中的气体从定模板和动模板之间的分型面上所开设的排气槽中排出，完成注射过程。在冷却循环系统的作用下，塑件在模腔内冷却固化成型。

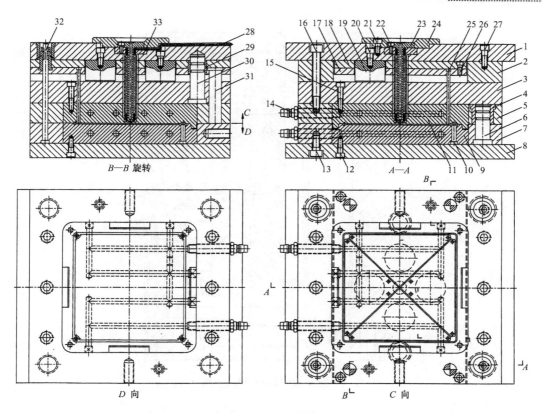

1—定模座板；2—支承块；3—定模垫板；4—导套；5—定模板；6—导柱；7—动模板；8—动模座板；
9—动模型芯镶件；10—动模型芯；11—定模型腔镶件；12、13、15、16、20、21、22、26、27—内六角螺钉；
14—水嘴；17—顶杆固定板；18—顶杆垫板；19—支承柱；23—热嘴内套；24—定位圈；
25—顶杆；28—加热管电线；29—顶板导套；30—顶板导柱；31—复位杆；32—先复位机构；33—热嘴外套

图 4.62　电器盒面盖注射模具结构装配图

　　开模时，定模部分固定在注射机的定模连接板上不动。在动模向后移动的过程中，固定在动模上的先复位机构拉动安装在定模上的顶针顶出机构，顶出成型后留在定模上的塑件。合模时动模向前移动，通过复位杆使先复位机构和定模上的顶出机构复位，完成注射成型周期。模具的开模状态图如图 4.63 所示。

4.7.4　模具的成型零件

　　模具的成型零件主要由定模型腔镶件、动模型腔镶件和动模型芯等零件所组成。

　　为了减少在分型面上定模型腔和动模型腔合模时产生错位，动模型腔镶件和定模型腔镶件均采用整体通孔无台阶嵌入式结构，加工时动模和定模板上的通孔合模装夹在电火花线切割机上开出。模具的合模定位是依靠动模型芯镶件和定模型腔镶件的四边上所设置的斜面来实现精确定位的。这种直接在模芯镶件上的定位方式，可保证模具的型腔在合模后获得很高的精确度。

　　型腔部分则采用电火花放电加工而成。

　　为了能承受在高温、高压下塑料熔体料流的反复冲刷，动模型腔镶件和定模型腔镶件均采用进口 S136 模具用钢，热处理使表面硬度达到 55～60HRC。并在模具中分别嵌入动模和定模板后用螺钉固定在定模垫板和动模座板上。

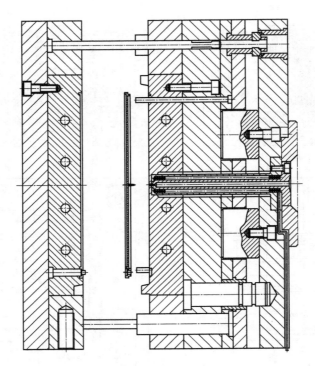

图 4.63　模具的开模状态图

1．定模型腔镶件

定模型腔镶件镶嵌安装在模具的定模板内，由连接螺钉固定在定模垫板上。型腔面及塑件的加强筋采用电火花放电加工而成，型腔面的粗糙度为 $Ra0.4\mu m$。中心盲孔需要与热嘴配作。定模型腔镶件的具体结构如图 4.64 所示。

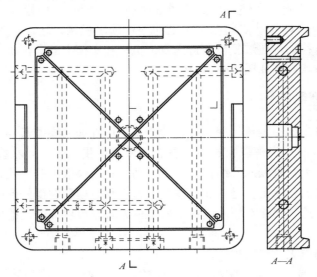

图 4.64　定模型腔镶件结构图

2．动模型腔镶件

动模型腔镶件镶嵌安装在模具的动模板内，由连接螺钉固定在动模座板上。塑件的型腔面采用电火花放电加工而成，型腔面的粗糙度为 $Ra0.4\mu m$。动模型腔镶件的具体结构如图 4.65 所示。

3．动模型芯镶件

动模型芯镶件有四个，主要成型塑件产品位于四个角上的螺钉安装孔位。动模型芯镶件镶嵌安装在模具的动模型腔镶件内，由台阶固定。其材料采用进口 718 模具用钢，热处理使表面硬度达到 50～55HRC。动模型芯镶件的具体结构如图 4.66 所示。

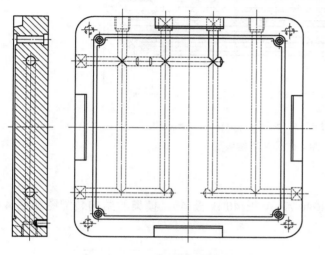

图 4.65　动模型腔镶件结构图

图 4.66　动模型芯镶件结构图

4.7.5　模具的浇注系统

对于一模一腔的模具结构而言，模具的浇注系统通常只有主流道而无分流道。从如图 4.62 所示的模具结构装配图中可以看出，为了采用从定模一侧顶出塑件的结构形式，模具的结构在传统结构形式的基础上采用了反向倒装的形式，从而使主流道的行程增长。然而 PC 塑料的流动性较差，主流道太长对注射填充有不利的影响，因此要求其主流道尽可能短。为了解决因 PC 塑料的流动性较差所带来的进料问题，模具设计时采用了热嘴的进料结构形式。

热嘴的使用，可在注射成型过程中通过准确地控制其温度，使主流道中的塑料始终保持在熔融状态。既缩短了浇注系统的流程，改善了 PC 料的流动性，又节约了成型后浇道系统的凝料，同时还可以缩短塑件的成型周期。

热嘴的结构由内套、外套、加热电阻丝和连接螺钉所组成。热嘴内套头部与注射机的喷嘴相连接，当熔料从注射机的喷嘴注入热嘴后，由安装在热嘴内套和外套之间的加热电阻丝继续加热，使主流道中的熔料始终保持在熔融状态，不用冷凝后取出。热嘴的结构图如图 4.67 所示。

4.7.6　模具的冷却循环系统

由于模具采用了热嘴，改善了熔料的流动性，因而模具的温度可相应降低，以缩短塑件的成型周期。模具的冷却系统是通过在动模型腔镶件和定模型腔镶件内开设循环冷却水道来控制模温的。动模型腔镶件和定模型腔镶件上开设了连接螺纹，可用长水管接头直接连接引出，连接处可加入密封胶带，可不用再考虑密封漏水的问题。

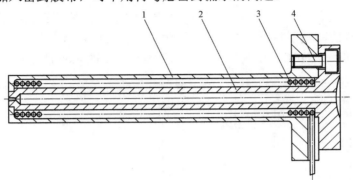

1—热嘴外套；2—垫嘴内套；3—加热电阻丝；4—内六角螺钉

图 4.67　热嘴结构图

4.7.7　模具的标准模架

模具选用标准模架，其型号为 4040-AI-A 板 40-B 板 40。模架的结构装配图如图 4.68 所示。

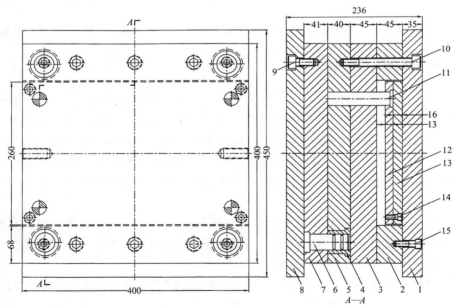

1—定模座板；2—支承块；
3—定模垫板；4—导套；5—定模板；6—导柱；7—动模板；8—动模座板；
9、10、14、15—内六角螺钉；11—复位杆；12—顶杆固定板；13—顶杆垫板

图 4.68　模架的结构装配图

4.7.8　模具的顶出和排气系统

1. 顶出系统

为了实现从定模一侧顶出塑件，模具结构在传统结构形式的基础上采用了反向倒装的形式。模具的顶出机构是依靠两个先复位机构的标准件，在开模时作为动力来拉动的。

先复位机构也称顶板早回机构，通常情况下用在具有侧向分型抽芯机构的模具中，使模具在合模时顶出机构先于滑块复位，以防止滑块下所设置的顶针与滑块在合模时发生干涉现象。

在电器盒面盖注射模中，主要是利用先复位机构在开模时产生动力，拉动定模上的顶出机构，由顶杆顶出成型后留在定模上的塑件。先复位机构的结构图如图 4.69 所示。

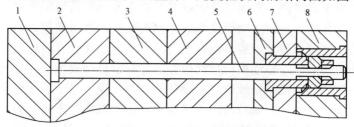

1—动模座板；2—动模板；3—定模板；4—定模垫板；
5—先复位机构；6—顶杆固定板；7—顶杆垫板；8—动模座板

图 4.69　先复位机构结构图

2. 排气系统

模具的排气系统是在分型面上沿型腔的周边开设排气槽。排气槽的深度小于 PC 料的溢料值 0.06mm，排气槽的宽度为 8～10mm。为了方便起见，排气槽开设的方向一般不能正对着操作者，以避免发生伤害事故。

模具在注射成型的过程中还可以通过动模型芯镶件和顶杆的配合间隙排气，间隙的大小和排气槽的深度一样，通常为小于或等于塑料的溢料值。

4.7.9　模具的其他零件

为了使模具在脱模顶出的过程中保持平稳，对一般比较大的模具，通常在顶出机构的顶杆固定板和顶杆垫板上增设顶板导柱导套，以减少因顶杆固定板和顶杆垫板的重量影响使顶杆所产生的弯曲变形。顶板导柱导套的结构装配图如图 4.70 所示。

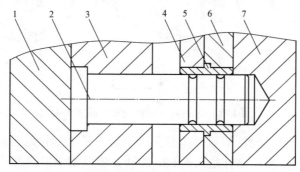

1—定模板；2—顶板导柱；3—定模垫板；
4—顶杆固定板；5—顶板导套；6—顶杆垫板；7—定模座板

图 4.70　顶板导柱导套结构装配图

4.8 灯头接线盒罩自动脱螺纹注射模

4.8.1 概述

在成型带有内螺纹的塑件时，螺纹成型后的脱模是模具设计的关键问题，传统的模具设计方法有很多。如果内螺纹是分段的而不是全螺纹时，可采用斜滑块使各段螺纹分别在成型后脱模。对全螺纹的塑件，其模具结构主要有三种脱模方式：其一为强制脱模，塑件成型后通过强制顶出脱模，它适用于聚乙烯、聚丙烯等软性塑料，且要求螺纹为深度不大的半圆形粗牙螺纹；其二为手动脱模，采用活动螺纹型芯在塑件成型后将塑件和活动螺纹型芯一起脱出模外，再由人工从塑件上将活动螺纹型芯取出重新放入模内成型。其三为机动脱模，利用动力和传动机构，使塑件成型后旋转而自动脱模。机动脱模也有两种类型：一是采用电动机或液压电动机作为动力带动传动机构使螺纹型芯旋转而自动脱模；二是直接利用模具的开模过程作为动力，带动传动机构使螺纹型芯旋转而自动脱模。对于后者也有两种方式：一种是传统上常用的在开模时通过齿条带动齿轮进而带动传动机构的方式；另一种则是通过大导程螺杆（又称来复杆）带动螺母进而带动传动机构的方式。对于大导程螺杆和螺母已有HASCO 的系列标准可供采用，使用这种机构的模具，塑件的自动脱螺纹过程安全可靠平稳，生产效率高，可成型螺纹精度要求高的塑件。

4.8.2 产品结构工艺分析

图 4.71 所示是一灯头的接线盒壳罩。其外径为 $\phi32mm$，高为 30mm，其口部有一内螺纹为 M28。产品上设有离口部位置为 8.5mm 的加强筋 1×6mm，这是在螺纹旋转脱模时产生轴向移动的一种止转的结构。塑件的顶部有一个 $\phi9mm$ 的圆孔，壳体的壁厚为 1mm。塑件的材料为 ABS，该材料具有良好的力学性能和电绝缘性能，是各类家用电器塑件所使用的常用材料。成型时其流动性中等，溢料值为 0.04mm，因收缩率小，可制作精密的塑料零件。

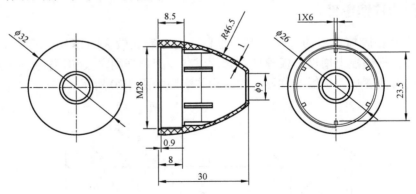

图 4.71 灯头的接线盒壳罩产品结构图

根据塑件的结构特点，设计模具时其分型面只能以最大的投影面 $\phi32mm$ 的底面作为分型面。浇口位置有两种选择：一种是从 $\phi9mm$ 的圆孔中以侧浇口的形式多点进料，其进料过程能均匀填充，从分型面上开设排气槽时排气效果好，保证塑件的充填质量，但成型后清除浇口比较困难。如采用一模多腔，则这种进料形式必须采用细水口模架，多次分型来从不同的分型面上分别取出浇注系统凝料和塑件产品，使模具的整体结构复杂化。另一种是从塑件的底部$\phi32mm$的分型面上以侧浇口的形式单点进料，这种进料形式虽然没有从顶部进料均匀，但因顶部的$\phi9mm$的圆孔可采用镶件结构，填充时从镶件的间隙中排气，也能保证其充模质量。采用一模多腔时，这种进料形式可采用大水口模架，浇注系统和塑件产品从一个分型面上取出，使模具的整体结构简单。因此，模具设计的关键问题是塑件上的内螺纹 M28 的脱模问题。

4.8.3 模具的结构组成及其工作过程

1．模具的结构组成

图 4.72 所示是灯头接线盒壳罩注射模的装配图。

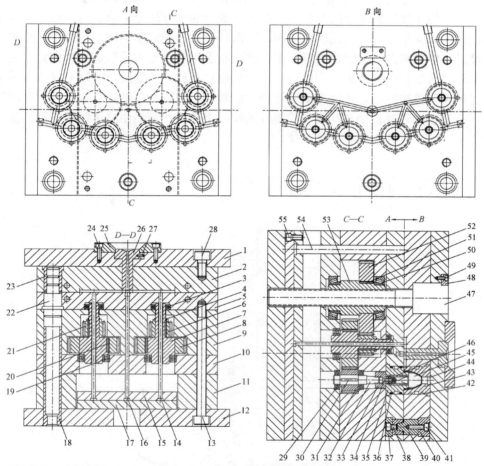

1—定模座板；2—定模板；3、19、29、31—向心球轴承；4—轴用弹性挡圈；5—动模板；6、20、30、51—平键；

7—齿轮轴套；8、52—行星大齿轮；9—托板；10—轴承固定板；11—支承块；12—动模座板；

13、24、28、34、38、41、49、55—内六角螺钉；14、16—浇道顶料杆；15—顶针固定板；17—顶针垫板；

18—圆柱销；21—行星小齿轮；22—导柱；23—导套；25—定位圈；26—浇口套；27—圆柱销钉；32—轴；33—联轴器；

35—动模型腔镶件；36、42—密封圈；37、40—调节垫圈；39—圆锥精定位件；43—定模型腔镶件；44—定模镶件；

45—动模型芯；46—压缩弹簧；47—大导程螺杆（来复杆）；48—防转压块；50—圆锥滚子轴承；53—大导程螺母；54—复位杆

图 4.72 灯头接线盒壳罩注射模装配图

（1）模具的定模部分。模具的定模部分的主要零件有定模座板、定模板、定位圈、浇口套、圆柱销钉、导套、定模型腔镶件、定模镶件、密封圈、调节垫圈、圆锥精定位件、大导程螺杆（来复杆）、防转压块和内六角螺钉等。

（2）模具的动模部分。模具的动模部分的主要零件有动模板、向心球轴承、轴用弹性挡圈、平键、齿轮轴套、行星大齿轮、托板、轴承固定板、支承块、动模座板、浇道顶料杆、顶针固定板、顶针垫板、圆柱销、行星小齿轮、导柱、轴、联轴器、动模型腔镶件、密封圈、调节垫圈、圆锥精定位件、动模型芯、压缩弹簧、圆锥滚子轴承、大导程螺母、复位杆和内六角螺钉等。

2．模具的工作过程

模具合模后安装在卧式注射机上，在一定的注射压力的作用下，通过喷嘴将塑料熔体沿浇注系统均匀地注射到模具的型腔中，并将型腔中的气体从分型面上所开设的排气槽，以及定模镶件的间隙中排出，完成注射过程。在循环冷却系统的作用下，熔体在型腔中冷却成型。开模时，定模部分固定在注射机的定模连接板上不动，而大导程螺杆也固定在定模上不动。动模部分向后移动时，大导程螺母在大导程螺杆上移动的同时，沿螺旋线产生转动，从而带动齿轮传动机构旋转，使动模型芯旋转，因塑件上防转加强筋随动模型芯转动时带动塑件旋转，塑件在旋转时自动从动模型腔镶件的螺纹上脱模。最后由浇道顶料杆顶出浇注系统凝料时将塑件顶出脱模，完成开模动作。

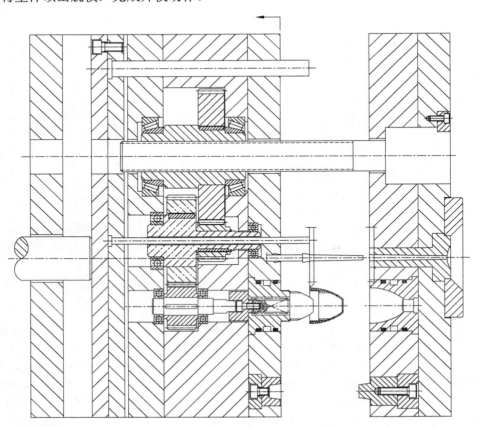

图 4.73　灯头接线盒壳罩注射模开模状态图

模具的开模状态图如图 4.73 所示。模具合模时，动模向前移动，大导程螺母在大导程螺杆上移动的同时，沿螺旋线产生反向转动而合模复位。顶杆推出机构则由分型面反压复位杆复位，完成一次注射成型周期。

4.8.4　模具的成型零件

图 4.74 所示为成型零件结构装配图。模具的成型零件主要由定模型腔镶件 6、定模镶件 8、动模螺纹型腔镶件 4 和动模型芯 5 等零件所构成。为了便于螺旋传动机构的位置安装，成型零件的位置分布设计成非对称的形式。定模型腔镶件主要成型产品的外表面，定模镶件主要成型产品顶部的 ϕ9mm 的圆孔；动模型腔镶件成型产品的底面和内螺纹；动模型芯则成型塑件的内表面和防转加强筋。

所有成型零件均采用进口 S136 材料制作，该材料在热处理前具有良好的加工性能，热处理后，使其硬度达到 50～56HRC，又具有良好的抛光性能和抗腐蚀性能。

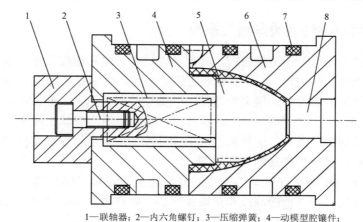

1—联轴器；2—内六角螺钉；3—压缩弹簧；4—动模型腔镶件；
5—动模型芯；6—定模型腔镶件；7—密封圈；8—定模镶件

图 4.74　成型零件结构装配图

1．定模型腔镶件

定模型腔镶件有 6 个由台阶固定装入定模板内，先加工好定模镶件（如图 4.74 中的零件 8），再装入到定模型腔镶件中。用车床精车出型腔，或用电火花加工出型腔部分。用电火花加工时，也可以不加工定模镶件，直接加工出成型表面和成型产品顶部的 ϕ9mm 的圆孔的凸台。

定模型腔镶件的外圆柱面需要车制加工出冷却水槽和两个安装密封圈的圆槽，用于形成冷却循环水道及安装密封圈。

2．动模型腔螺纹镶件

在模具中有 6 个动模型腔螺纹镶件与定模型腔镶件配合，成型塑件的底面和内螺纹。同样地由台阶固定装入动模板内。其内有台阶孔，以装入压缩弹簧和动模型芯。其外圆柱面也需要车制加工出冷却水槽和两个安装密封圈的圆槽，用于形成冷却循环水道及安装密封圈。

3．动模型芯螺纹镶件

动模型芯主要成型产品的圆弧内表面和加强筋。其下部需用螺钉与联轴器相连接以在成型后产生旋转而自动脱螺纹，台阶面需与动模型腔螺纹镶件有良好的配合，既不影响旋转又要能在成型时防止漏胶。

4.8.5 模具的浇注系统

模具的浇注系统为普通浇注系统，主流道由浇口套形成，分流道以梯形截面开设在定模上，以便于开设侧浇口进料，主流道的末端制作成倒锥形的冷料穴，其目的是收集熔体填充时的前锋冷料，避免堵塞侧浇口，此外，在开模时可将主流道凝料拉到动模上，再由浇道顶料杆顶出脱模。尽管模具的成型零件的分布为非对称的形式，但分流道依然能以浇口套为中心，沿径向设计成平衡式浇注系统，以保证熔体均匀地填充到模腔中，从而保证塑件成型后其质量的一致性。

4.8.6 模具的冷却循环系统和排气系统

对 ABS 这种热塑性工程塑料而言，其流动性适中，熔融温度较低，易于注射成型。模具的温度要求控制在 50～70℃。为了更好地控制模温，以缩短注射成型周期，提高产品制件的质量，在定模型腔镶件和动模型腔镶件的外圈直壁配合面上，开设冷却循环水槽的结构形式，并在直壁配合面上加"O"形密封圈密封，以防止循环冷却水渗漏。在模具的定模板和动模板上形成冷却循环通道。这种圆槽形的循环冷却水道可以保证定模和动模部分充分冷却，其冷却效果好，可缩短产品的成型周期。

模具的排气系统可在塑件成型的末端的分型面上开设排气槽排气，同时在顶部可利用定模镶件的间隙排气。排气槽的深度和定模镶件的间隙需小于 ABS 塑料的溢料值 0.04mm。

4.8.7 模具的脱模机构

由于塑件上有内螺纹 M28 的尺寸，因而必须采用自动脱螺纹的脱模机构。从模具的结构装配图中可以看出，因有 6 组成型零件，所以，脱模机构采用了大导程螺杆（又称来复杆）带动螺母进而带动传动机构的方式。在结构的设计上主要包括以下方面。

1．自动退内螺纹脱模机构

利用开模过程作为动力产生旋转作用的机构，传统所使用的是齿轮齿条的机构。采用这种机构可不必再使用电动机或液压电动机作为产生旋转的动力，使模具结构简单实用。但齿轮齿条啮合时，冲击力大，噪声高，而且安装精度要求较高，尤其开模时不能将齿轮与齿条分离，否则无法复位到原来的啮合状态，甚至会导致模具损坏。采用大导程螺杆与螺母啮合，同样也是利用开模过程作为动力产生旋转作用。这种机构啮合的精度高，噪声小，运行平稳，且安装简单可靠。

（1）大导程螺杆：选用 HASCO 标准型号为 Z1500/20×63/L/250。其零件结构如图 4.75 所示。

其尺寸为 l=345mm, l_1=250mm, l_2=63mm, d_1×h=Tr20×63, n=6, d_2=36mm，旋向为左旋。

（2）大导程螺母：选用 HASCO 标准型号为 Z1500/20×63/L/100。其零件结构如图 4.76 所示。

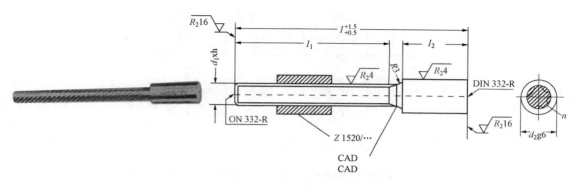

图 4.75 大导程螺杆零件结构图

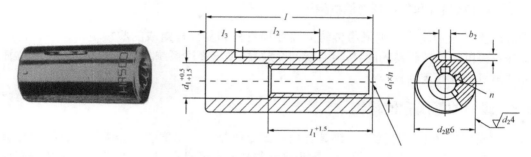

图 4.76 大导程螺母零件结构图

其尺寸为 l=100mm, l_1=63mm, l_2=50mm, l_3=18mm, t=3.8mm, b=8mm, $d_1 \times h$=Tr20×63, n=6, d_2=36mm，旋向为左旋。

大导程螺杆与螺母啮合时，因螺旋升角大，其导程也大。当大导程螺杆固定不动时，大导程螺母需在大导程螺杆上移动 63mm，则旋转一圈。因模具在开模后，大导程螺杆与螺母必须处于啮合状态。如控制模具的开模距离为 80mm，则开模后大导程螺母在大导程螺杆上只旋转一圈多一点。而产品中 M28 的螺纹至少需要转动 5 圈以上才能使内螺纹完全旋转脱模。因此，需要采用升速的螺旋传动系统才能满足要求。

（3）传动系统设计：根据模具结构的大小和标准齿轮尺寸的要求，在设计传动系统时采用的两级直齿轮啮合传动，来提高型芯退出螺纹时的转速。第一级传动啮合齿轮选用 d_1=120mm 的大齿轮，其型号为 Z1553/56/25/60/2 和 d_2=40mm 的小齿轮，其型号为 Z1553/17/36/20/2。第二级传动啮合齿轮选用 d_3=90mm 的大齿轮，其型号为 Z1553/45/25/45/2 和 d_4=36mm 的小齿轮，其型号为 Z1553/17/36/18/2。

其传动比：$i = (n_2/n_1)(n_4/n_3) = (d_1/d_2)(d_3/d_4) = (120/40)(90/36) \approx 7.5$

当大导程螺母转动一圈时，退出螺纹的型芯可转动 7 圈以上，完全能满足脱模要求。

（4）大导程螺杆与螺母在模内的安装：大导程螺杆与螺母在模内的安装如图 4.77 所示，因在开模过程中，大导程螺杆固定不动，大导程螺母在大导程螺杆上沿螺旋线移动时产生旋转运动，因此需承受轴向作用反力，故采用一对圆锥滚子轴承将大导程螺母安装在模内，直齿轮则用平键安装固定在大导程螺母上。固定大导程螺杆时，需采用防转压块，以防止大导程螺杆产生相对转动。

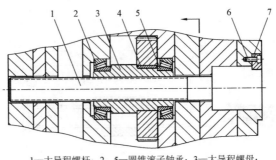

1—大导程螺杆；2、5—圆锥滚子轴承；3—大导程螺母；
4—平键；6—内六角螺钉；7—防转压块

图 4.77　大导程螺杆与螺母在模内的安装结图

2. 顶针顶料杆和复位杆脱模机构

对浇注系统的脱模，则采用传统的顶针顶料杆和复位杆组成的脱模机构。在塑件成型后螺杆脱模机构旋转脱模的同时，由顶针和顶料杆顶出浇注系统凝料，合模时，由复位杆对顶针顶出机构进行复位。

4.8.8　模具的精确定位机构

对于成型精密的塑件而言，模具合模后的定位是非常重要的。如果只依靠导柱导套合模时的导向定位作用是远远不够的，因为导柱与导套之间存在着一定的间隙，将影响塑件成型后的尺寸精度。

模具常用的精确定位机构有很多。有在模板采用锥面定位的结构，也有在方型的模具型芯的 4 个角部设置锥面配合的结构，还有使用在定模板和动模板之间采用圆锥精定位、条型锥面定位件等标准件定位的。下面主要介绍模具中所采用的圆锥精定位的标准件。

圆锥精定位组件装配在模具中的结构如图 4.78 所示。

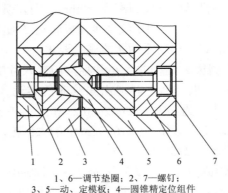

1、6—调节垫圈；2、7—螺钉；
3、5—动、定模板；4—圆锥精定位组件

图 4.78　圆锥精定位组件装配在模具中的结构图

圆锥精定位组件分为圆锥凸件和圆锥凹件两个部分，分别用内六角螺钉固定安装在模具的动模板和定模板内。该零件现已标准化。因配合后的高度为一定值，需要用调节垫圈来调节与模板的配合高度。以满足不同厚板模板的要求。

通常情况下，需要在模具分型面上安装 3～4 个圆锥精定位组件来对模具实现合模的精确定位。

4.9　插座面板热流道注塑模

4.9.1　概述

热流道注射塑料模在当今世界各工业发达国家和地区均已得到极为广泛的应用。不仅是因为热流道注射塑料模缩短了制件的成型周期、节约了塑料原料、能实现自动化生产过程，而且还因为在热流道模具的成型过程中，塑料熔体的温度在流道系统里能得到准确地控制，尤其在一模多腔的注射模具中，流道内的熔体温度能基本保持与注射机喷嘴的温度大致相同或相近，因而流道内的压力损耗小，熔融塑料以极其均匀的状态流入各个模腔，从而获得品质一致而良好的塑料制件。热流道注射成型的零件浇口质量好，脱模后残余应力低，零件变形小。因此，对质量要求高的、生产批量大的塑件均可采用热流道注射模生产。

4.9.2　产品结构工艺性

插座面板产品结构图如图 4.79 所示，该产品为一专用插座的面板，其材料为 PC 塑料，颜色为乳白色。PC 料的学名为聚碳酸酯，是一种常用的热塑性工程塑料，具有良好的力学性能，冲击强度优异，尺寸稳定性好。在 200～220℃呈溶融状态，熔融温度高，熔体黏度大，因而在成型时熔体的流动差，其溢料值为 0.06mm。一般在高料温、高压力和较高的模温下快速成型。

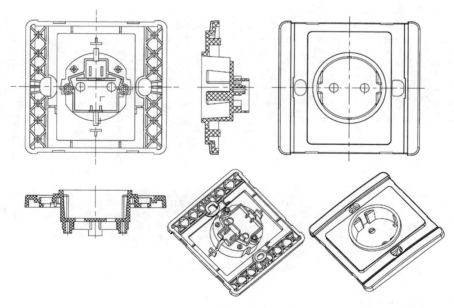

图 4.79　插座面板产品结构图

从产品结构图中可以看出，在产品的底面有很多筋位，无论浇口选择在产品顶部的中心进料，还是以侧浇口的形式从产品的边缘进料，在注射成型过程中的流动阻力都比较大，因此，需要有较高的料温和较大的注射压力。产品结构和原料两者都要求高料温、高压力来满足成型工艺的要求，因而采用热流道浇注系统的结构可以解决这一问题。

4.9.3　模具的结构及其工作过程

　　根据产品生产批量大的要求，模具采用了 1 模 2 腔的结构形式，采用了从产品顶部中心进料的热流道板的浇注系统结构。这种结构不仅使产品浇口处的痕迹较小，从而使产品获得良好的外观质量，而且还可实现自动化生产控制过程。模具结构装配图如图 4.80 所示。

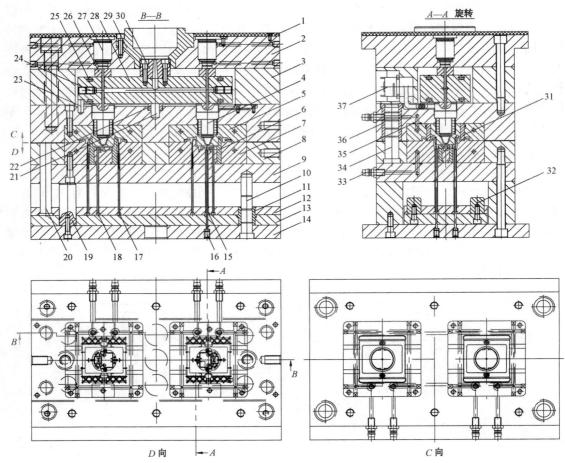

1—隔热板；2—定模座板；3—支承块；4—热嘴；5—定模型腔镶块；6—动模型芯镶件；7—动模型腔镶块；
8—动模板；9—动模垫板；10—顶板导柱；11—顶板导套；12—顶杆固定板；13—顶杆垫板；14—动模座板；
15—顶管；16—平端紧定螺钉；17、18—顶杆；19—支承柱；20—复位杆；21—热流道板定位销；22—热流道板定位垫圈；
23—热流道板支承圆柱销；24—热流道堵头；25—成型加热管；26—针阀导套；27—针阀汽缸；28—热流道板；
29—模具定位圈；30—浇口套；31—定模型芯镶件；32—限位块；33—水嘴；34—导柱；35—密封圈；36——导套；37—接线盒

图 4.80　模具结构装配图

1．模具的结构组成

　　（1）模具的定模部分。主要由模具的成型零件和结构零件及热流道加热控制零件所组成。

　　成型零件和结构零件包括定模座板、支承块、定模板、定模型腔镶块、定模型芯镶件、模具定位圈、浇口套、导套、密封圈和隔热板等。

　　热流道加热及控制零件包括热流道板、成型加热管、针阀导套、针阀汽缸、热流道板定位销、热流道板定位垫圈、热流道板支承圆柱销、热流道堵头和接线盒等。

（2）模具的动模部分。主要包括以下零件：动模型芯镶件、动模型腔镶块、动模板、动模垫板、顶板导柱、顶板导套、顶杆固定板、顶杆垫板、动模座板、顶管、平端紧定螺钉、顶杆、支承柱、复位杆、限位块、密封圈、水嘴和导柱等。

2．模具的工作过程

模具安装到卧式注射机上，连接电加热和温度控制电源，连接冷却循环水道。注射前先对模具的热流道板加热到合适的温度，然后调整好注射成型的相关工艺参数，再进行注射成型过程。注射时，热流道板上的针阀控制系统要处于开启位置。注射后，通过气动控制系统使针阀处于关闭状态，以防熔体在模具开模后流出模外。模具开模后由顶杆和顶管组成的脱模机构从动模型芯上推出塑件，合模时动模前移，由复位杆使顶出机构复位，完成一个注射成型周期。

为了保证注射成型质量，一定要控制好热流道板的温度和模具的温度，否则热流道板的温度过高会导致塑料熔体产生分解，影响塑件的质量。

4.9.4　模具的热流道浇注系统

模具的热流道浇注系统主要由浇口套、热流道板、热嘴及其支承固定和控制零件所组成。浇口套起连接注射机喷嘴与热流道板的桥梁作用，因流程较短其熔体的热量损失不大，该段可不必加热。为了使浇注系统中的熔体在注射和开模过程中始终保持熔融状态，热流道板和热嘴必须采用电加热管进行加热。

因注射成型后，开模时只需取出塑件而无需取出浇注系统凝料，热流道注射模又称无流道模具。这种模具与普通浇注系统的模具相比有许多优点。由于没有冷料，一般不用修整浇口，避免了冷料的分割、回收、粉碎等工序和塑料的降级，缩短了成型周期，节约了生产成本，又容易实现自动化操作。同时由于浇注系统内的塑料不凝固，压力传递好，易于塑件的成型，能提高产品质量，且生产效率高。其缺点是对模具的要求高，模具结构复杂，成本高，维修困难。温度控制要求高，对加工塑料品种的限制较大，对成型周期要求严格，注射要求连续进行等。

常用的热流道成型方法有井式喷嘴、延长喷嘴、绝热喷嘴、热流道板及采用针阀式浇口等。选择采用以上方式时，要根据塑件的形状、塑料的种类、型腔数目、选用的成型注射机等条件来综合确定，其中以塑料的因素影响最大。用于热流道模具的塑料最好具有以下性质：

（1）适宜加工的温度范围宽，黏度随温度的变化影响小，在较低的温度下具有较好的流动性，在较高的温度下又要求具有良好的热稳定性。

（2）对压力敏感，不加注射压力时不流动，但施以很低的注射压力时即可流动。

（3）热变形温度高，塑件在比较高的温度下即可快速固化成型顶出，以缩短成型周期。

采用热流道板时，适合以上性能要求的塑料有聚乙烯、聚丙烯、聚苯乙烯、聚氯乙烯、ABS、聚碳酸酯和聚甲醛等。

对单型腔的热流道模来说，一般采用延长喷嘴的结构。如前面讲述的电器盒面盖注射模中所使用的热嘴结构。而对多型腔的热流道模来说，通常采用热流道板结构。

1．热流道板

对于 1 模 2 腔的模具，热流道浇注系统采用热流道板的结构形式如图 4.81 所示。在热流道板上，加热的方式是采用上、下两层整体式加热管进行加热控制的。为了在成型后控制熔体于开模状态下不流失，模具上采用了 SINO 针阀式热流道控制系统，其热嘴的型号为 SIM-18-VV-075。为了控制热流道板上的温度，使其不能超过塑料的分解温度，在热流道板上和热嘴中均安装热电偶，通过温度控制系统实现温度的自动控制，保证热流道板中的塑料在成型过程中始终保持熔融状态，同时又不要在过热的情况下发生碳化和分解。

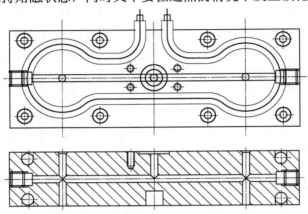

图 4.81　热流道板结构图

如热流道板的温度控制在 200～300℃内，热流道板表面为钢的氧化表面，表面辐射率取 $\alpha=0.8$，升温时间为 30min，并留有 10%的余裕，则加热于热流道板所需要的总功率可按下式进行计算：

$$P = [0.27t \cdot W + (0.0032\,t - 0.33)\,A + \sum\,(a \cdot t' \cdot \lambda)\,/l] \times 1.1$$

式中　P——加热总功率（kW）；

　　　t——热流道板所需升高的温度（热流道板温度减去室温）（℃）；

　　　W——热流道板的重量（包括紧固螺钉）（kg）；

　　　A——热流道板的表面积（cm²）；

　　　a——支承物的接触面积（cm²）；

　　　t'——热流道板与模具的温差（℃）；

　　　λ——支承物的热导率（W / cm·℃）；

　　　l——支承物的高度（cm）。

热流道板装配在模具中必须与模具本体相隔离，以减少热量的流失，节约不必要的能量损耗。因而热流道板与定模座板、支承块、定模板之间要留出一定的间隙。仅有很少的支承位置与模板相接触。热流道板定位销在模具中对热流道板的中心起定位的作用，热流道板支承圆柱销在热流道板与定模板之间起支承作用。针阀导套对针阀起导向作用，同时在热流道板与定模座板之间又起支承的作用。此外，浇口套在模具定位圈与热流道板之间也起支承的作用。

尽管支承部位对热流道板的接触面积很小，传热损耗不大，但在一定的程度上会影响模具温度的均匀性，造成局部过热，影响成型后的产品质量。减少接触部位的传热能力的方法如下：

（1）使支承块的接触面积尽可能的减少。为了不影响支承的压力，可采用高强度的材料制作，如高铬钢，其热传导率低，且强度高。

（2）热流道板与定模座板、支承块之间采用空气间隙隔热。间隙距离应不小于 8mm。

2. 热嘴

热嘴在模具中的装配及热嘴的结构如图 4.82 所示。

热流道板的下平面与热嘴的上平面为平面接触，其作用是当热流道板在加热的过程中向外膨胀时，与热嘴可产生很小的滑移，以避免在水平方向受力时影响针阀的控制作用。

热嘴的外部也采用电加热管进行加热。内部则由针阀控制间隙同时控制熔体的注射过程。

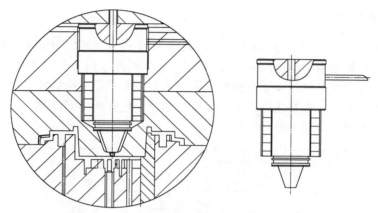

图 4.82　热嘴在模具中的装配及热嘴的结构图

4.9.5　模具的成型零部件

模具的成型零部件主要有定模型腔镶块、动模型芯镶件、动模型腔镶块。

1. 定模型腔镶块

定模型腔镶块的结构图如图 4.83 所示。采用 4 个内六角螺钉将定模型腔镶块安装固定于定模板内。其材料为 718 合金钢，热处理后要求硬度达到 56～60HRC。

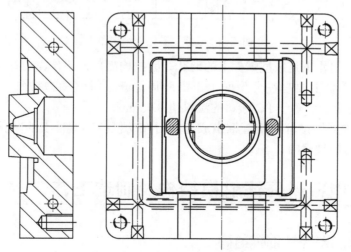

图 4.83　定模型腔镶块结构图

采用热流道板后，模具在浇注系统中的压力损失小，注射过程所占有的时间极少，浇注系统又不用冷却，所以成型周期所占有的时间主要消耗在对塑料制件的冷却上。为了使模具在注射后将制件快速冷却到塑料的玻璃态温度之下，冷却循环水道开设在定模型腔镶块中，使模具能充分冷却，以达到有效地控制模具温度在所需的温度范围的目的。从而使模具在注射后将制件快速冷却到塑料的玻璃态温度之下，保证制件具有足够的强度被推杆和推管推出脱模。

定模型腔镶块的型腔面采用电火花放电加工制作而成，其表面粗糙度为$Ra0.4\mu m$，中心孔位需要与热嘴配作。

2. 动模型腔镶块

动模型腔镶块的结构图如图 4.84 所示。采用 4 个内六角螺钉将动模型腔镶块安装固定于动模板内。其材料也为 718 合金钢，热处理后要求硬度达到 56～60HRC。与定模型腔镶块相同，动模型腔镶块中也开设了冷却循环水道。型腔面采用电火花放电加工制作而成，其表面粗糙度为$Ra0.4\mu m$。需要注意顶针、顶管与动模型腔镶块的间隙配合，既要保证顶出过程中能顺利的推出塑件，又不能漏胶。

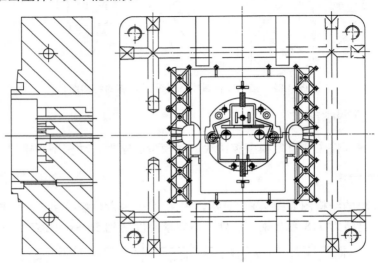

图 4.84 动模型腔镶块结构图

动模型芯镶件的作用是成型塑件上的通孔，因结构简单，不作详细描述。

模具的排气系统主要是在分型面上于型腔周边开设排气槽来排气。排气槽的宽度为 10mm 左右，深度小于或等于 PC 塑料的溢料值 0.06mm。

顶出脱模机构采用推杆和推管推出成型后留在动模型芯镶件上的塑件，其结构和相关要求与前面讲述的模具相同。

4.10 透明塑料罩壳注射模结构及制造工艺

4.10.1 透明塑料罩壳注射模结构

透明塑料罩壳注射模在注射模结构类型中属多分型面单型腔模具。模具采用细水口标准模架，俗称"三板模"的模架结构，以实现全自动次序分模过程。分别在不同的分型面上取出浇注系统凝料和产品零件。

1．模具的结构及工作过程

（1）模具的结构。透明塑料罩壳注射模结构装配图如图 4.85 所示。

（2）模具的工作过程。模具合模后安装到卧式注射机上，在一定的注射压力的作用下，通过喷嘴将塑料熔体沿浇注系统均匀地注入模具的型腔中，并将型腔中的气体从推板 9 上所开设的排气槽中排出，完成注射过程。在循环冷却系统的作用下，熔体在型腔中冷却成型。塑件制品收缩在动模型芯镶件 19 上。

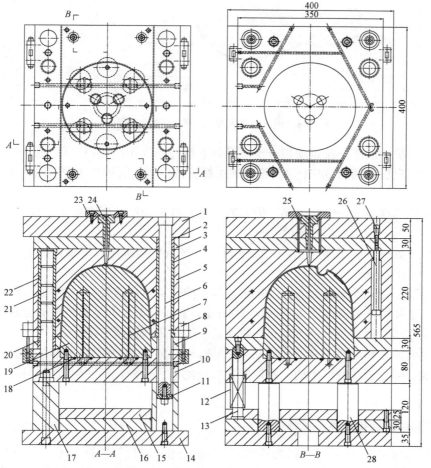

1—定模座板；2、4、20、22—导套；3—脱浇道板；5—定模板；6、21—导柱；7—隔水片；8—拉钩；
9—推板；10—动模板；11—限位挡圈；12—复位弹簧；13—复位杆；14—动模座板；15—推杆固定板；
16—推杆垫板；17—支承块；18—密封圈；19—动模型芯镶件；23—定位圈；24—浇口套；25—拉料杆；
26—拉杆；27—限位螺钉；28—支承柱

图 4.85　透明塑料罩壳注射模结构装配图

　　如图 4.86 所示，为模具开模及推出零件后的状态图。开模时，定模座板 1 固定在注射机的定模连接板上不动，动模向后移动时，通过拉钩 8 带动定模板 5，而固定在定模座板上的分流道拉料杆 25 拉住浇道凝料，使模具从分型面Ⅰ处分开，浇道凝料与塑件自动脱离。动模继续后移，在拉杆 26 和限位螺钉 27 的作用下，脱浇道板 3 与定模座板从分型面Ⅱ处分开，使浇道凝料从分流道拉杆上和浇口套 24 中自动脱落，完成浇道凝料的自动分离过程。动模继续后移，拉开拉钩，使模具从分型面Ⅲ处分开，塑件因成型收缩而留在动模型芯镶件上。

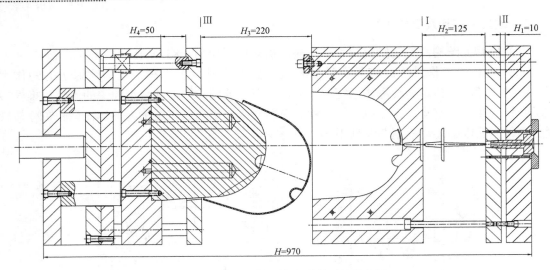

$H_4=50$　$|III$　$H_3=220$　$|I$　$H_2=125$　$|II$　$H_1=10$

$H=970$

图 4.86　模具开模及推出零件后的状态图

最后由注射机的液压系统带动顶杆推动模具的推杆垫板 16 和推杆固定板 15，固定在推杆垫板和推杆固定板之间的复位杆 13 推动着用螺钉固定其上的推板 9 将塑件从动模型芯镶件上推出。

模具的闭合高度为 $H_0 = 565$mm；模具的闭合高度是指模具合模后从定模座板到动模座板之间的高度。

在分型面 I 处分开的距离为 $H_2 = 125$mm。H_2 的确定须满足以下条件：$H_2 =$ 浇道凝料的长度 +（5～10）mm；

在分型面 II 处分开的距离为 $H_1 = 10$mm。其目的是实现浇道凝料与拉料杆自动分离。

模具从分型面 III 处分开的距离为 $H_3 = 220$mm。要保证塑件有足够能自动掉落的空间。

模具推板移动的距离为 $H_4 = 50$mm。要保证塑件推离动模型芯镶件。

模具开模后的总高度为 $H = H_0+H_1+H_2+H_3+H_4 = 565+10+125+220+50 = 970$mm。模具开模后的总高度必须小于注射机上动、定模固定板间的最大开距，即注射机的动模固定板所移动的最大距离。

2．产品零件的结构特点及质量要求

产品结构如图 4.87 所示。材料为透明的苯乙烯 PS。该材料的特点为冲击强度好，有良好的耐热性、耐油性、耐化学腐蚀性，弹性模量高。因而广泛地用于制作耐油、耐热、耐化学药品的工业制品，以及仪表板、罩壳、接线盒和各种开关按钮等零件。材料的平均收缩率为 0.4%。该产品作罩壳使用时，其尺寸精度要求较低，但表面外观质量要求较高。零件的表面为光面，外观要求无水纹、无刮花、无黑点、无飞边等缺陷。产品底部的最大直径为 $\phi 218$mm，高度为 179mm。在产品的上部有三个凹孔，可用三个手指将产品抓起。由于该材料在成型时易产生裂纹，因此，成型后脱模时需要有较大的脱模斜度，其产品的脱模斜度为单边 3.5°。根据分型面选择的原则和要求，只能将分型面选在产品底部的平面上，模具采用 1 模 1 腔的结构。

对于这类结构的产品，设计模具结构时要根据产品的结构特点及注射成型的工艺性来选择合适的浇口位置。为了使塑料熔体能均匀地填充到模具的型腔中，并将型腔中的气体从分型面上开设的排气槽排出，不能从底部及周边采用侧浇口进料，只能将浇口选择在产品顶面的中心，从产品的顶部中心进料。为了使浇口对外观的影响较小，确定采用点浇口的结构形式进料。

3．模具的浇注系统

为了保证产品的质量要求，从产品的顶部进浇时，选择点浇口的进料形式。因而浇注系统不可能在产品的最大轮廓位置的分型面上和产品一起取出，只能在另外的分型面上单独取出，如开模过程中所述。点浇口及浇注系统的尺寸如图 4.88 所示。

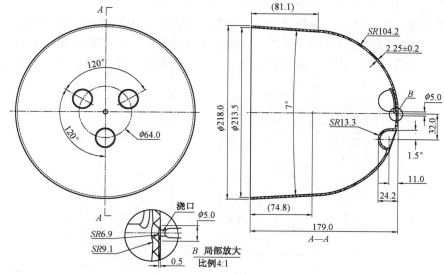

图 4.87　产品结构图

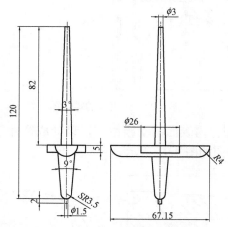

图 4.88　点浇口及浇注系统的尺寸

对点浇口的特点和应用可参考透明盒盖注射塑料模的相关内容。

形成主流道的浇口套如装配图 4.85 中的零件 24 所示。因浇口套与脱浇道板之间在开模和合模的过程中产生相对的移动，所以两者之间的配合特别重要。如果配合间隙过大，熔体将会沿配合间隙溢料，并造成脱料困难，如果配合间隙过小，将会在合模时产生阻碍并快速磨损。因此，浇口套的末端需要制作成锥面结构，以便在合模时，防止浇注系统中的熔料进入滑动配合面。此外，还可使开模顺畅，在滑动配合面上避免产生磨损现象。锥面结构的锥度约为 $6° \sim 10°$。浇口套在模中的装配形式如图 4.89 所示。

在定模板与动模板之间安装有 4 个开模拉钩，以实现模具不同分型面的分模次序。拉钩的结构已形成了标准化的结构，其结构参考图 4.24。

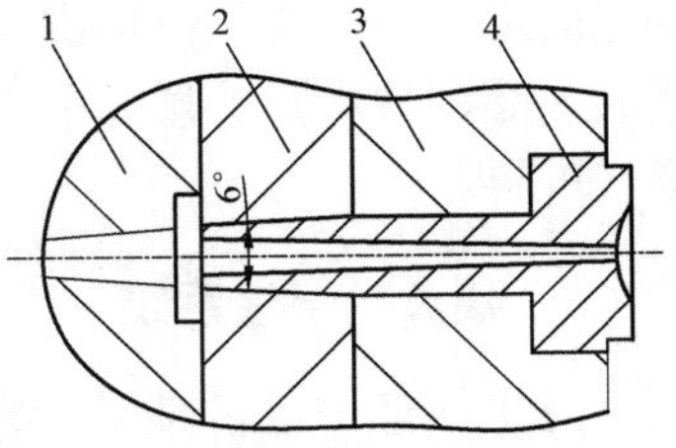

4．模具的成型零件

（1）型腔零件：成型塑件外表面的型腔，为了保证模

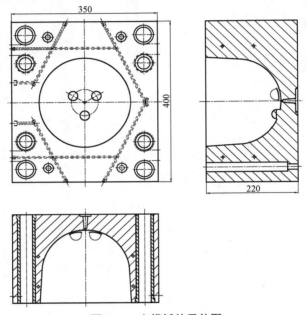

1—定模板；2—脱浇道板；
3—定模座板；4—浇口套

图 4.89　浇口套在模中的装配形式

具有足够的强度，可与模板制成整体结构。但为了获得型腔表面粗糙度低的要求，必须选用优质的钢材，考虑到制造成本的经济性，在选用标准模架时，可要求定模板采用 718 或 738 材料，以使型腔在成型后获得产品良好的外观质量。定模板的零件图如图 4.90 所示。

图 4.90　定模板的零件图

（2）型芯零件：成型塑件内表面的动模型芯，设计成镶件结构，用内六角螺钉固定在动模板上。型芯零件的结构图如图 4.91 所示。

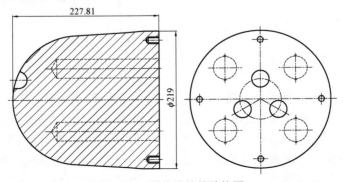

图 4.91　型芯零件的结构图

为了减小模具型腔表面的粗糙度，采用抛光性能极好的进口镜面模具钢 S136 材料制作，热处理后其硬度可达到 60～65HRC，抛光加工后可获得表面粗糙度为 $Ra0.4\mu m$，使成型后制件的表面能满足产品的光面要求。

5. 模具选用的标准模架结构

从图 4.85 所示透明塑料罩壳注射模结构装配图中可以看出，模具选用了细水口的标准模架。其型号为 3540-DDI-A 板 220-B 板 80-440-O。模架的结构图如图 4.92 所示。

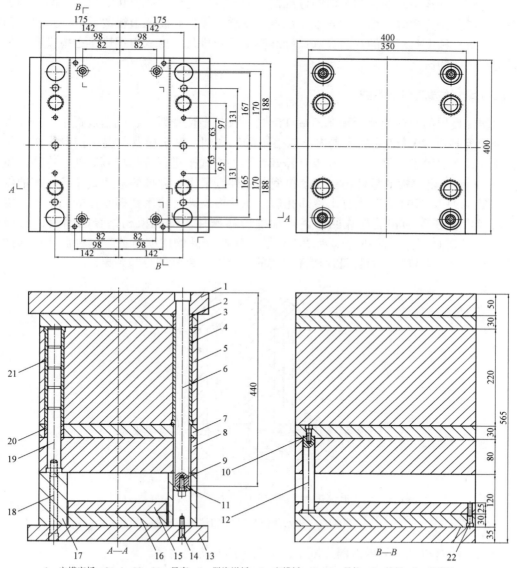

1—定模座板；2、4、20、21—导套；3—脱浇道板；5—定模板；6、19—导柱；7—推板；8—动模板；
9、10、14、18、22—内六角螺钉；10—限位挡圈；12—复位杆；13—动模座板；15—推杆固定板；
16—推杆垫板；17—支承块

图 4.92 模架的结构图

在标准模架型号中，3540 指标准模架在分模面上的长为 400mm，宽为 350mm，DDI 代表模架的结构类型，其 A 板的厚度为 220mm，B 板的厚度为 80mm，"440"指模架中定模支承导柱的总长为 410mm，"O"指支承导柱的安装形式为靠近模板的四个角部，即定模板与动模板之间所安装的导柱导套靠近模板内部，而定模上安装的支承导柱导套位于模板靠外的地方。

模架各板的材料为 Q235，导柱、导套和复位杆的材料为 T8A，内六角螺钉和限位挡圈为标准件。

从图 4.92 所示的模架结构图中可以看出，细水口的标准模架与大水口标准模架的区别在于：定模部分是不同的，细水口的标准模架的定模在定模模座板和定模板之间增加了一块脱浇道板，并在开模时由增加的 4 根支承导柱支承定模板和脱浇道板的重量。定模板和脱浇道板在支承导柱上是活动的。而大水口标准模架的定模是用内六角螺钉将定模模座板和定模板固定在一起的。

6. 模具的模温控制系统

因塑件使用的材料为透明聚苯乙烯 PS 是一种热塑性塑料，在成型过程中，需要对模具进行冷却控制在 20～60℃的范围内，以缩短成型周期。对于模具的温度控制系统，于定模型腔部分是在定模板上采用了双层循环冷却水道的方式来进行冷却控制的。冷却水道请参见图 4.91 所示定模板的零件图。而动模型芯镶件则采用了并排的隔片式循环冷却的结构形式（见图 4.93），即在型芯中打出冷却孔后，在孔内安装一块用黄铜制作的隔水片，将孔隔开成两半，仅在顶部相通形成回路。在动模型芯镶件与动模板相结合的面上，必须安装"O"形橡胶密封圈，以防止冷却水渗入模腔，影响产品的成型质量。这种循环冷却的方式不仅使模具的结构简单，而且可使较深型芯的模具获得良好的冷却效果。

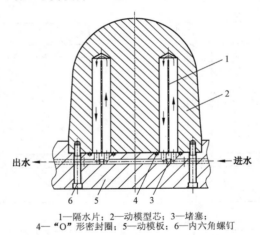

1—隔水片；2—动模型芯；3—堵塞；
4—"O"形密封圈；5—动模板；6—内六角螺钉

图 4.93　隔水片循环冷却的结构原理图

隔水片的材料通常采用黄铜片制作，主要目的是防止生锈。

7. 模具的脱模机构

由于产品要求具有透明的特征，因而模具的脱模机构不能采用顶杆顶出，以避免有顶杆顶出的痕迹，影响产品的美观效果。故采用推板推出的脱模机构。推板用内六角螺钉固定在复位杆上，并在复位杆上于动模板和推杆固定板之间增设压缩弹簧，以便开模后推板脱模机构能自动复位。推板推出机构的结构组成如图4.94所示。

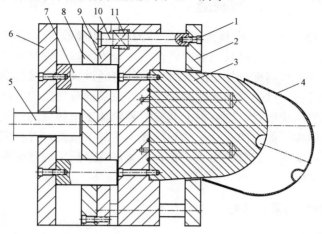

1—内六角螺钉；2—推板；3—动模型芯；4—成型后的塑件；5—注射机上的顶杆；
6—定模座板；7—支承柱；8—推杆垫板；9—推杆固定板；10—复位杆；11—复位弹簧

图4.94　推板推出机构的结构组成

（1）推板推出机构的结构组成。推板推出机构的结构由以下零件所组成：注射机上的顶杆、推杆固定板、推杆垫板、复位杆、复位弹簧、推板和内六角螺钉。其开模推出的原理可参见模具的工作过程章节。

（2）推板推出机构的特点。推板推出机构因作用面积大，推出力大而均匀，运动平稳，且由塑件的整个周边的端面上将成型后的塑件推出，所以塑件上无推出的痕迹，特别适合透明的塑件和精度要求高的塑件使用。但如果型芯和推板的配合不好，则在塑件上会出现毛刺，而且塑件有可能滞留在推件板上。为了避免因加工过程中推板与型芯的配合困难，推件板推陈出新出机构主要用于塑件的内孔为圆形或其他简单形状的场合。

为了使推板在推出和合模的过程中，其动作安全可靠，推板与动模型芯的配合必须采用锥面配合，其锥角为单边 8°～10°。型芯成型的根部位置与推板配合的尖角处，至少要留有单边 0.20～0.25mm 的间隙，以避免在顶出过程中，因顶板的偏离造成尖部与型芯的碰伤，给以后的成型顶出带来困难。

（3）推板推出机构中引入装置的使用。对于大型的深腔塑件或用软塑料成型的塑件，当塑件的脱模斜度较小时，在使用推板推出成型后塑件的过程中，塑件与动模型芯之间容易形成真空，造成脱模困难。为此应考虑增设引气装置。引气装置可采用型芯中加进气阀进气的结构，也可采用中间直接设置推盘的结构形式，使推出时很快进气。需要使用引气装置时，可参考相关的塑料模具设计手册等资料。

8. 模具的排气系统

因模具采用的浇注系统为点浇口进料形式，在注射成型过程中熔融塑料从型腔的顶部均匀的向下填充型腔，因此必须在填充时将型腔内的气体排出模外，否则会使成型后的产品产生气泡和疏松等缺陷，尤其对透明的塑件将会造成大量的废品。

模具的排气系统是在推板的分型面上沿型腔的周边均匀地开设几道排气槽，以排出型腔中的气体，同时减少气体在充模时对熔体的阻力。与大水口模具相同，排气槽的宽度为 1.5～12mm，其深度不大于塑料的溢边值，通常为 0.02～0.05mm。

4.10.2 透明塑料罩壳注射模制造工艺

模具制造前的准备工作及模具的相关零件的检查和验收工作与盖柄注射塑料模相同。在制作模具之前，首先要读懂模具的装配结构图，分清哪些零件是标准件，哪些零件是要完全加工的，哪些零件是只需部分加工的。对标准件可通过采购直接得到，不需要再加工，但要有相应的型号和规格，以便作为采购的依据。对只需部分加工的零件，如标准模架上需要与其他零件相装配的结构要素，则要根据其装配要求加工出相应的结构要素。而需要完全加工的零件，则要按照零件图上的尺寸，适当放置一些加工余量，并按照相应的材料规格采购毛坯，再按照一定的加工工艺制造出来。在各类零件齐全后再进行装配。有些部件也可以将部分零件边加工边装配。

1. 标准件和材料的采购准备

1）标准件采购准备

根据模具装配图中的明细表，其标准零件清单见表 4.2。

表 4.2　标准零件清单

序号	零件名称	规格	数量	备注
1	定位圈	$\phi100\times15$	1	
2	压缩弹簧	内径$\phi26\times$外径$\phi32\times150$	4	
3	密封圈	$\phi35\times\phi4$	4	
4	内六角螺钉	M10×45	2	
		M10×65	4	
		M6×15	10	
5	浇口套	$\phi16\times100$	1	
6	拉料杆	$\phi4\times85$	2	可用推杆制作
7	限位螺钉	M8×40	4	
		M8×$\phi12\times165$	4	
8	轻型拉钩		4	
9	标准模架	3540-DDI-A 板 220-B 板 80-440-O	1	

依据所列出的清单采购标准零件和标准模架。

2）加工用材料的采购准备

模具零件加工所需要的材料主要有三件。

（1）动模型腔镶件，材料为 S136，毛坯尺寸为$\phi222\times235$。

（2）隔水片，材料为黄铜，毛坯尺寸为 2×160×32。

（3）支承柱，材料为 Q235，毛坯尺寸为$\phi52\times125$。

2. 零件的加工及工艺过程

根据模具装配图，需要加工的模具零件清单项如下：

（1）标准模架上的零件需要部分加工的有定模座板、脱浇道板、动模板、推板、推杆固定板、推杆垫板、动模座板，其材料都为 45；定模板，其材料为 718；浇口套，其材料为 T8A。

（2）需要加工的成型零件有动模型腔镶件，其材料为 S136；

（3）需要加工的结构零件有支承柱，材料为 Q235；隔水片，材料为黄铜。

对上述需要加工的模具零件，根据其结构图，制定出合理的加工工艺流程，再选用各类机床和刀夹具，进行加工至所需要的尺寸，经检验合格后备装配使用。

1）定模座板

图 4.95 所示为定模座板的零件结构图。因该零件为标准模架上的零件，其外形尺寸 400×400×50 和 4 个固定安装支承导柱的台阶孔位已存在，不需要加工。只需要加工其余所标注的尺寸即可。

定模座板的加工工艺过程如下：

（1）划线：根据模板的外形尺寸，确定模板的中心画出中心十字线，再由该中心确定尺寸 52 和尺寸 70 的中心位置，画出 2-ϕ4 和 2-M6 的中心十字线，最后按照尺寸 176×324 画出限位螺钉孔位的中心十字线。

（2）铣削加工：将零件固定在铣床上，调整好位置，用铣刀先铣出 ϕ16 的孔，再更换圆盘刀具铣出孔 ϕ40×15 的尺寸。

（3）铣削加工或钻削加工：在尺寸 176×324 的中心位置，铣削或钻出 4 个 ϕ10 的通孔，再在该位置铣削或钻出 4 个 ϕ14，深度为 35 的沉头孔位。注意沉头孔位的方向与 ϕ40×15 的方向相同，不可加工到反面。

（4）钻削加工和钳工攻丝：在尺寸 70 的中心十字线位置，钻出 2 个 ϕ4.2 深 14 的盲孔，再用 M6 的丝锥钳工攻丝加工出 2 个 M6 深 12 的螺丝孔。

（5）钻削加工：在尺寸 52 的中心十字线位置，钻出 2 个 ϕ4 的通孔，再按照与 ϕ40×15 的相同的面钻削加工出 2 个 ϕ7 深 3 的台阶孔位。

（6）检验所加工的各尺寸至图纸要求。

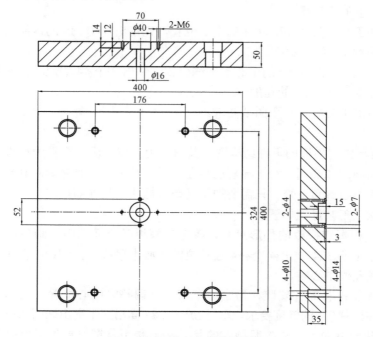

图 4.95　定模座板零件结构图

2）脱浇道板

图 4.96 所示为脱浇道板的零件结构图。因该零件为标准模架上的零件，其外形尺寸 350×400×30 和 4 个直导套已存在，不需要加工。且直导套对其他结构特征的加工无任何影响，可不必拆卸下来。只需要加工其余所标注的尺寸即可。

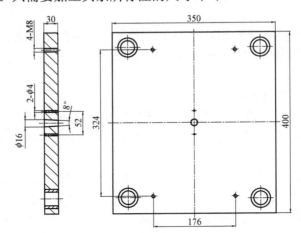

图 4.96　脱浇道板零件结构图

脱浇道板的加工工艺过程如下：

（1）划线：根据模板的外形尺寸，确定模板的中心画出中心十字线，再由该中心确定尺寸 52 的中心位置，画出 2-φ4 的中心十字线，最后按照尺寸 176×324 画出 4-M8 螺孔位的中心十字线。

（2）铣削加工：将零件固定在铣床上，调整好位置，用成型铣刀铣出 φ16 带 8° 锥度的锥孔，需与浇口套的锥度配作。

（3）钻削加工：在尺寸 176×324 的中心位置，先钻出 4 个 M8 的螺纹底孔通孔，再在该位置攻丝出 4 个 M8 的螺纹通孔。

（4）钻削加工：在尺寸 52 的中心十字线位置，钻出 2 个 φ4 的通孔。必要时需要与定模座板上的相同位置的 2 个 φ4 的孔配作。

（5）检验所加工的各尺寸至图纸要求。

3）定模板

图 4.97 所示为定模板的零件结构图，其材料为 718。因该零件为标准模架上的零件，其外形尺寸 350×400×220 和 8 个导套已存在，不需要加工。且导套对其他结构特征的加工无任何影响，可不必拆卸下来。只需要加工其余所标注的尺寸即可。

定模板的加工工艺过程如下：

（1）划线：根据定模板的外形尺寸，确定定模板两个面的中心画出中心十字线，再由该中心确定尺寸 176×324 画出 4 个 φ14 通孔位的中心十字线。在侧边按图中所标注的尺寸画出需要钻孔的各孔位中心线。

（2）车削加工：将零件安装在适合的车床上，调整好中心位置。用车刀根据靠板曲线加工 φ219.3，并控制 7° 的锥度要求。车至 SR104.83 高出三个突出球面 2mm 左右的位置。

（3）电火花放电加工：先按照型腔的尺寸和形状用紫铜材料加工电火花工艺所使用的电极（俗称铜公）。然后将定模板零件安装固定于电火花放电机的槽内，调整好中心位置。

再将加工好的铜公装到电火花机的放电机架上，使铜工的中心与定模板零件的中心对正。调整好相关的工艺参数，最后进行放电加工。

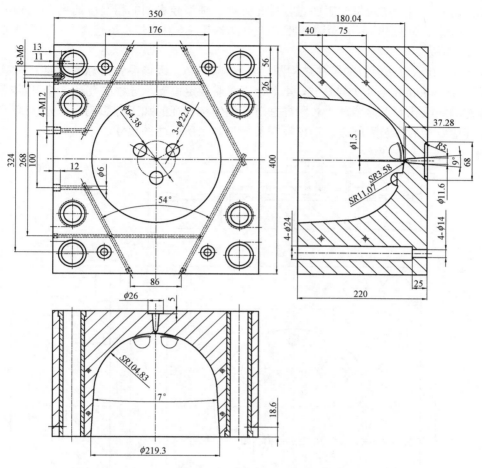

图 4.97　定模板零件结构图

通常的情况下，放电加工需两次加工完成。第一次放电过程中，电极所留的放电间隙较大，约为 0.1～0.2mm，称为粗公，放电加工过程中可以采用较大的放电电流进行加工，可缩短放电加工的总体时间。第二次放电过程中，电极所留的放电间隙较小，为 0.05～0.07mm，称为精公，放电加工过程中可以采用较小的放电电流进行加工，提高型腔尺寸的加工精度和表面质量。

放电加工时，需要注意三个圆球形凸台的位置，要与动模型芯的凹位对应一致，否则会在合模时产生干涉碰撞。

在反面先用铣刀铣削加工出直形浇道的锥形孔，再用电极放电加工出直形浇道的形状和尺寸。然后用小直径的钻头钻出 $\phi1.5$ 的浇口孔。

（4）铣削加工：按照尺寸 176×324 画出的中心十字线位置，在铣床上铣削加工出 4 个 $\phi14$ 的通孔，再按照深度铣削加工出 4 个 $\phi17$ 的台阶孔。最后在反面铣削加工出 68mm 长的分型面浇道。

（5）钻孔加工：在侧面，按图纸上所标注钻出两层相同位置尺寸的冷却水道孔。并钻出 8-M6 和 4-M12 的螺纹底孔。

（6）攻丝加工：按相应的深度攻丝加工出 8-M6 和 4-M12 的螺纹孔。

（7）加堵塞：用黄铜棒在图纸标出的位置加堵塞，并对表平锪平。

（8）抛光：用钞布对型腔表面进行抛光处理，使型腔表面的粗糙度达到 Ra0.4μm。

（9）检验所加工的各尺寸至图纸要求。安装水嘴后，对冷却水道检查是否有漏水现象。

4）动模板

图 4.98 所示为动模板的零件结构图，其材料为 45。因该零件为标准模架上的零件，其外形尺寸 350×400×80、4 个导柱孔、4 个合模时避让定模支承导柱的孔和 6 个与动模其他板连接固定的螺纹孔等不需要加工。因导柱对其他结构特征的加工有影响，可先拆卸下来，等加工完其他要素后再装配回去。动模板需要加工其余所标注的尺寸。

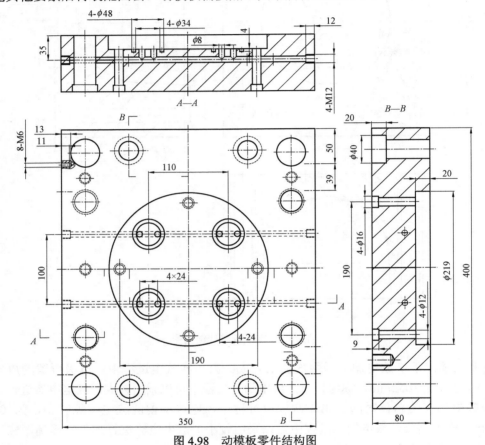

图 4.98　动模板零件结构图

动模板的加工工艺过程如下：

（1）划线：根据动模板的外形尺寸，确定动模板上、下两个面的中心画出中心十字线，再由该中心确定尺寸 190×190，画出 4 个 φ12 通孔位的中心十字线。在侧边按图中所标注的尺寸画出需要钻孔的各孔位中心线，如 8-M6 和 4-M12 等，注意孔位的方向。

（2）车削加工：将零件安装在合适的车床上，调整好中心位置。用车刀车削加工 φ219，深 20 的圆形沉孔，该孔需要与动模型腔镶件相配作，以满足其相互装配的要求。如没有合适的车床，可采用镗削加工的方式加工该孔。

（3）划线：在 φ219 圆形沉孔的面上画出 100×110 的 4 个中心位置，方向依照零件图上的标注位置。

（4）铣削加工：将动模板固定安装在铣床上，分别按照画出的 100×110 的 4 个中心位置铣出内径为 ϕ34，外径为 ϕ48，深度为 4 的圆环槽，以装配"O"形密封圈之用。

（5）铣削加工或钻削加工：在尺寸 190×190 的中心位置，先铣削或钻出 4 个 ϕ12 的通孔，再在该位置铣削或钻出 4 个 ϕ16，深度为 9 的沉头孔位。注意沉头孔位的方向在 ϕ219 圆形沉孔的反面。

（6）铣削加工：在已有的复位杆孔位铣削加工出 4 个 ϕ40 深度为 20 的台阶孔。

（7）钻水道孔：在侧面的中心距尺寸 100 与分型面高 35 的位置钻出 2 条 ϕ8 的水道通孔，分别在口部钻出 4 个 M12 的螺纹底孔并攻出 4 个 M12 深度为 12 的螺纹孔。

（8）钻孔攻丝：按图纸所标注的位置加工出 8- M6 的螺纹孔。

（9）钻孔加工：在分型面一边，按图纸所标注的位置在 ϕ219 圆形沉孔的面上加工出 8 个 ϕ8 的垂直水道孔。

（10）加堵塞：分别用小铜柱在水道内 4×24 的位置内加入堵塞，以形成冷却循环通道，参考模具装配图 4.85。

（11）检验所加工的各尺寸至图纸要求。

5）动模型芯镶件

图 4.99 所示为动模型芯镶件的零件结构图，其材料为 S136。

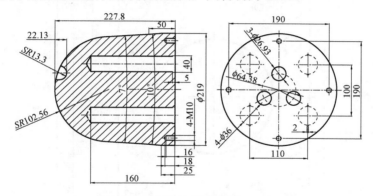

图 4.99 动模型芯镶件零件结构图

动模型芯镶件的加工工艺过程如下：

（1）下料：采购直径为 ϕ225 的 S136 棒料，下料长度约为 235mm。

（2）热处理：对材料进行退火处理，降低材料的表面硬度，以便于切削加工。

（3）铣削和车削加工：对棒料一端铣削或车削加工出一个基准平面。

（4）划线：确定材料的中心位置，并以中心为对称点，确定尺寸 190×190 的 4 个螺纹孔的中心点的位置，再确定尺寸 100×110 的 4 个冷却水道孔的中心点的位置。注意各中心点的方位。

（5）铣削和钻孔加工：在铣床上铣削加工或在钻床上钻削加工出 4-ϕ36，深 160 的冷却水道孔及 4-M10 深 16 的螺纹底孔。

（6）攻丝：攻丝加工 4-M10 的螺纹孔，深度为 18。

（7）铣削加工：以 4 个 ϕ36 的孔为基准，铣削加工出 4 个 2×40 的长槽，深度为 5，以安装固定隔水片之用。

（8）车削加工：粗车，以较快的车速和较大的走刀量，车削加工 SR102.56、7° 和 10°

的锥度及 ϕ219 的外圆等尺寸的形状，留下 0.5～1mm 的加工余量；精车，按尺寸和形状精车至所要求的尺寸数值。注意圆弧和锥度的连接过渡要光滑圆润。

（9）铣削加工：以中心圆 ϕ64.38 为基准，确定 3-ϕ26.93 的中心位置，铣削加工出 3-ϕ26.93 的球面圆孔并使孔边制作成圆弧过渡。注意孔位与水道孔的方位，并要与定模板上的三个凸出位相一致。也可以采用电火花放电加工出 3-ϕ26.93 的球面圆孔。

（10）热处理：通过淬火和低温回火的热处理，使表面硬度达到 60～65HRC。

（11）抛光：用细砂布对型芯表面抛光加工，使表面粗糙度达到 Ra0.4μm 的要求。

（12）检验所加工的各尺寸至图纸要求。

6）推板

图 4.100 所示为推板的零件结构图，其材料为 45。因该零件为标准模架上的零件，其外形尺寸 350×400×30、4 个导套、4 个合模时避让定模支承导柱的孔等不需要加工。因导套对其他结构特征的加工没有影响，可不必拆卸下来。只需要加工其余所标注的尺寸。

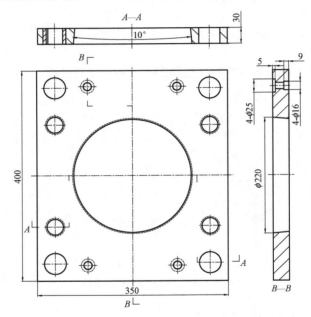

图 4.100　推板零件结构图

推板的加工工艺过程如下：

（1）划线：根据推板的外形尺寸，确定推板的中心画出中心十字线。

（2）车削加工：将零件安装在适合的车床上，调整好中心位置。用车刀车削加工 ϕ220，锥度为 10° 的圆锥形孔，该孔需要与动模型腔镶件的 10° 锥形位置相配作，以满足其相互装配的要求。

（3）铣削加工：将推板固定安装在铣床的工作台上，以 4 个复位杆的孔位中心为基准，铣削加工 4-ϕ25 深 5 的台阶孔；然后将推板翻一个面，以相同的方式铣削加工出 4-ϕ16 深 9 的台阶孔。

（4）检验 10° 锥孔与动模型腔镶件的配合状况，检验所加工的各尺寸至图纸要求。

7）推杆固定板

图 4.101 所示为推杆固定板的零件结构图，其材料为 45。因该零件为标准模架上的零

件，其外形尺寸 220×400×25、4 个装配复位杆的台阶孔、4 个与推杆垫板装配的螺纹孔等不需要加工。只需要加工 6 个避开支承柱的通孔 6-ϕ52 即可。

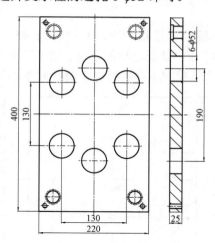

图 4.101　推杆固定板零件结构图

推杆固定板的加工工艺过程如下：

（1）划线：根据推杆固定板的外形尺寸，确定推杆固定板的中心画出中心十字线，由该中心确定尺寸 130×130 画出 4 个ϕ52 通孔位的中心十字线，再确定尺寸 190 画出 2 个ϕ52 通孔位的中心十字线。

（2）铣削加工：将推杆固定板固定安装在铣床的工作台上，分别以 6 个中心为基准，铣削加工 6-ϕ52 的通孔。因该孔对支承柱而言是避让孔，不需要考虑其配合关系，只要不发生干涉即可。

（3）检验所加工的尺寸至图纸要求。

8）推杆垫板

图 4.102 所示为推杆垫板的零件结构图，其材料为 45。因该零件为标准模架上的零件，其外形尺寸 220×400×30、4 个与推杆固定板装配的螺钉台阶孔等不需要加工。只需要加工 6 个避开支承柱的通孔 6-ϕ52 即可。

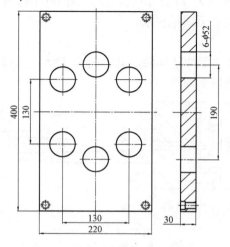

图 4.102　推杆垫板零件结构图

推杆垫板的加工工艺过程与推杆固定板完全相同，必要时可将两块板夹持在一起加工，使其加工的位置精度更高。

9）动模座板

图 4.103 所示为动模座板的零件结构图，其材料为 45。因该零件为标准模架上的零件，其外形尺寸 400×400×35、6 个装配动模的螺钉台阶孔、4 个装配支承块的螺钉台阶孔等不需要加工。只需要加工 6 个装配支承柱的螺钉台阶孔和中心位置的通孔φ50 即可。

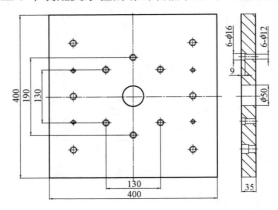

图 4.103　动模座板零件结构图

动模座板的加工工艺过程如下：

（1）划线：根据动模座板的外形尺寸，确定动模座板的中心画出中心十字线。再由该中心确定尺寸 130×130 画出 4 个φ12 通孔位的中心十字线，再按尺寸 190 在中心线上画出其余 2 个φ12 通孔位的中心十字线。

（2）铣削加工：将动模座板固定安装在铣床的工作台上，在动模座板的中心位置铣削加工出φ50 的通孔。

（3）钻孔加工：以尺寸 130×130 和尺寸 190 为依据，在其中心位置分别钻削加工 6 个φ12 的通孔。

（4）铣削加工：再次将动模座板固定安装在铣床的工作台上，在已加工的 6 个φ12 的通孔位置铣削加工 6 个φ16，深度为 9 的台阶孔。注意台阶孔的方向应符合图纸所标注的方向。

（5）检验所加工的各尺寸至图纸要求。

10）浇口套

图 4.104 所示为浇口套的零件结构图，其材料为 T8A。因该零件为标准件，只需要加工长度为 30、锥度为 8°的圆锥面即可。

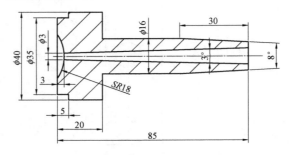

图 4.104　浇口套零件结构图

浇口套圆锥面的加工工艺过程如下：

（1）将浇口套安装固定在车床的主轴上，对好刀具位置，车削加工出锥度为 8°，长为 30mm 的圆锥面。

（2）将车削好的圆锥面与脱浇道板上的圆锥孔相配合，检验配合至合格为止。

3．模具的装配及合模

1）定模的装配

定模部分主要包括定模座板、脱浇道板、定模板、浇口套、拉料杆、限位螺钉、定位圈、直导套、支承导柱、挡圈和内六角螺钉等零件。其装配过程如下：

（1）先将拉料杆装入定模座板，然后将浇口套装入定模座板，再将定位圈与定模座板用内六角螺钉安装固定。

（2）将 4 个支承导柱分别装到定模座板上，然后将脱浇道板装到支承导柱上并用限位螺钉连接在一起，再将定模板装配到支承导柱上，也用限位螺钉连接在一起并在支承导柱的末端装挡圈，最后用内六角螺钉将挡圈固定到支承导柱上，将水管接头安装到定模板上。

2）动模的装配

动模部分主要包括动模座板、动模板、推板、推杆固定板、推杆垫板、动模型芯镶件、复位杆、压缩弹簧、支承柱、支承块、密封圈、隔水片和内六角螺钉等零件。

其装配过程如下：

（1）先将隔水片装入动模型腔镶件中，然后将 4 个密封圈装入动模板中的圆槽内，再将动模型腔镶件与动模板用内六角螺钉装配在一起。

（2）将复位杆、推杆固定板和推杆垫板用内六角螺钉装配在一起。

（3）先用 4 个内六角螺钉将支承块与动模座板装配在一起，然后将 6 个支承柱用内六角螺钉与动模座板装配在一起，将装配好了的复位杆、推杆固定板和推杆垫板部件从支承柱上装入，再用 6 个内六角螺钉将装有动模型芯镶件的动模板与动模座板等零部件装配在一起，将推板从动模型芯镶件处装入并注意锥面的配合，最后用 4 个内六角螺钉将推板固定到复位杆上。

3）模具的合模

将定模和动模部分通过导柱，导套合模，注意导柱，导套的配合要轻松自如。用红丹涂于分型面上相接触的部位，看配合间隙是否符合要求。如间隙过大，则要打磨修正。

合模后再装配开模拉钩。最后通入冷却循环水，检查看看是否漏水。最后将模具装配到注射机上试模。

习题 4

问答题

（1）塑料模的分类方式有哪些？各有哪些类型的塑料模具？

（2）什么是注射模？在设计和制造注射模时要考虑哪些因素？

（3）在单分型面多腔注射模——盖柄注射模中，模具的结构主要由哪两部分所组成？其主要零件有哪些？各有什么主要作用？

（4）试叙述盖柄注射模的工作过程。

（5）什么是分型面？常用的分型面的基本形式有哪些？

（6）在注射模中怎样选择分型面？分型面选择的基本原则是什么？

（7）什么是注射模的成型零件？在注射模中有哪些成型零件？对成型零件的基本要求有哪些？

（8）什么是注射模的浇注系统？浇注系统有哪两种形式？

（9）普通浇注系统由哪几部分所组成？各有什么作用？

（10）设计注射模的浇注系统时要遵循哪些基本原则？

（11）为什么要设置主流道衬套？试画出主流道衬套常用的结构形式。

（12）什么是分流道？常见的分流道的截面形式有哪几种？各有什么优缺点？

（13）什么是浇口？注射模的浇口有哪些主要作用？浇口的形式有哪些？

（14）选择注射模的浇口位置要遵循什么原则？

（15）普通浇注系统的布置有哪两种形式？有什么优缺点？

（16）什么是冷料穴？其作用是什么？通常将冷料穴开设在什么地方？

（17）标准模架主要有哪些零部件所组成？

（18）为什么要控制注射模的温度？模具的温度控制系统有哪两种形式？

（19）注射模的冷却系统在设计和制造中有什么要求？冷却水道的布置有哪两种主要的形式？各有什么优缺点？

（20）什么是注射模的推出机构？通常情况下注射模的推出机构为什么要设置在动模一侧？其组成部分有哪些主要零部件？

（21）注射模的推出机构的设计原则有哪些？设置推管推出机构时要注意哪些方面？

（22）注射模常用的标准零部件有哪些？各有什么作用？

（23）试叙述多分型面单腔注射模——透明盒盖注射模的结构组成和工作过程。

（24）图 4.18 所示的透明盒盖为什么要选择从产品顶部的中心进料？这种浇口形式称为什么浇口？模具在结构上有何特点？

（25）对透明塑料产品的注射成型工艺，其模具的成型零件有什么要求？

（26）什么是点浇口？点浇口有什么特点？通常用在什么场合？

（27）在三板式注射模的结构中经常要应用到拉钩，试说明拉钩的作用及其工作过程。结合生产实际情况，请举出几种其他形式的拉钩应用实例。

（28）比较盖柄注射模和透明盒盖注射模所使用的标准模架结构，两者在结构上有何差别？

（29）透明盒盖注射模在动模和定模部分所应用的冷却循环水道在结构上有何不同？各有什么特点？

（30）透明盒盖注射模在顶出脱模机构中为什么要增设引气辅助顶出机构？有何特点？

（31）热固性塑料注射模与热塑性塑料注射模在结构上有何不同？试描述热固性注射模的工艺原理。

（32）试说明热固性塑料手柄瓣合注射模的工作原理、结构组成和工作过程。

（33）热固性塑料手柄瓣合注射模的排气系统是如何设计的？对排气系统有何要求？

（34）热固性塑料手柄瓣合注射模在注射成型中要注意哪些问题？

（35）比较大水口单腔注射模（透明塑料盒注射模）与大水口多腔注射模（盖柄注射模）两者在结构上的差别，说明大水口单腔注射模的特点。

（36）说明顶板顶出脱模机构的特点及在设计制造中的注意事项。

（37）分析图 4.48 所示塑料手柄的结构工艺性，说明采用侧向分型抽芯机构的必要性。阐述斜导柱侧向分型抽芯机构注射模的结构组成和工作过程式。

（38）什么是侧向分型与抽芯机构？该机构通常由哪些零部件所组成？

（39）试叙述斜导柱侧向分型抽芯机构的工作原理。其主要参数有哪些？怎样确定其参数？

（40）斜导柱与滑块孔通常采用什么配合？为什么？

（41）滑块在开模后为什么要定位？通常采用什么方式来定位？

（42）分析图 4.61 所示电器盒面盖产品的结构工艺性，说明模具结构上采用定模顶出成型后的塑件的必要性。

（43）试叙述电器盒面盖注射模的结构组成和工作过程。

（44）热嘴的作用是什么？其结构由哪些零部件所组成？

（45）什么是先复位机构？先复位机构主要用在什么场合？试叙述先复位机构在电器盒面盖注射模中的作用。

第5章

其他塑料模具结构

5.1 压缩模的结构

压缩模主要用于热固性塑料的成型。压缩成型是一种比较古老和传统的成型方式，因其工艺成熟可靠，适宜成型比较大型的塑件，且塑件的收缩率较小，变形小，各项性能比较均匀，目前仍然在热固性塑料的加工成型中占据主导地位。

尽管目前可采用注射成型的工艺来加工成型热固性塑料，但毕竟只有少数的热固性塑料能用注射成型工艺，大多数热固性塑料还是使用传统的压缩成型和压注成型的方式来生产。

5.1.1 固定式压缩模

压缩模的结构如图 5.1 所示，它是一套固定式压缩模。它包括固定在压机上工作台的上模和固定在压机下工作台的下模两大部分。工作时由导柱、导套构成的合模导向机构定位和导向开合。

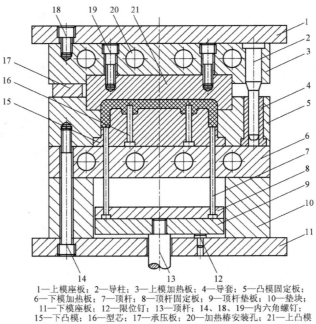

1—上模座板；2—导柱；3—上模加热板；4—导套；5—凸模固定板；
6—下模加热板；7—顶杆；8—顶杆固定板；9—顶杆垫板；10—垫块；
11—下模座板；12—限位钉；13—顶杆；14、18、19—内六角螺钉；
15—下凸模；16—型芯；17—承压板；20—加热椿安装孔；21—上凸模

图 5.1 压缩模结构图

1．压缩模的工作过程

如图 5.2 所示的开模状态图，在开模时，压机的上工作台朝向上移，上凸模 21 脱离下模一段距离，压机的辅助液压缸（下液压缸）开始工作，推动顶杆 13 使顶杆垫板 9 推动推杆 7 将压缩成型后的塑件顶出模外。再在凸模固定板 5 与下凸模 15 所形成的型腔中加料，合模时通过导柱 2 和导套 4 导向定位，并使热固性塑料在模腔内受热受压成为熔融状态而充满模具型腔，固化成型后再开模，完成一个压缩成型循环周期。

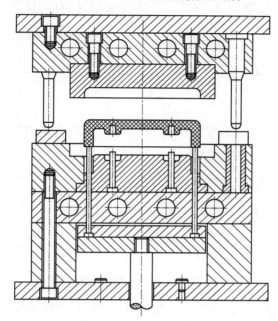

图 5.2　压缩模的开模状态图

2．压缩模的结构组成

（1）型腔。压缩模的型腔是直接成型塑件的部位，加料时配合加料腔起装料作用，如图 5.1 所示，由上凸模 21、下凸模 15、凸模固定板 5 和型芯 16 等零件构成。

（2）加料腔。加料腔为凸模固定板 5 的上半部分与下凸模 15 和型芯 16 所形成的型腔空间。由于热固性塑料与成型后的塑件相比具有较大的比体积，塑件在成型前单靠型腔往往无法容纳全部的原料，因此在型腔之上需要设有一段加料室。

（3）合模导向机构。压缩模的合模导向机构由布置在模板周边的 4 根导柱 2 和 4 个导套 4 所组成。在模具的开合过程中，起导向和定位作用，以保证上、下模合模的对中性。

（4）脱模机构。固定式压缩模在模具上必须有脱模机构（推出机构），否则成型后的塑件无法从模具的型腔中取出。模具的脱模机构由顶杆 7、顶杆固定板 8、顶杆垫板 9 和顶杆 13 等零件所组成，其开模顶出状态如图 5.2 所示。

（5）加热系统。热固性塑料的压缩成型需要在较高的温度下进行，因此模具必须加热。常见的加热方式有电加热、蒸气加热、煤气或天燃气加热等，以电加热最为常见。模具的上模加热板 3 和下模加热板 6 分别开设有加热棒安装孔 20，以插入加热棒，分别对上凸模 21、下凸模 15 和凸模固定板 5 进行加热。

5.1.2 移动式压缩模

利用移动式压缩模完成压缩成型后，可将模具移至压机之外，在特制的专用机架上使模具的上、下模分开，然后用手工或简易的工具取出塑件。采用这种方式脱模，可使模具的结构简单，成本低，有时用几副模具轮流操作，可提高压缩成型的速度。但劳动强度大，振动大，而且由于在取出塑件的过程中有不断撞击，易使模具变形磨损，适用于成型小型塑件。

图 5.3 所示为一小型电器旋钮产品图，材料为热固性塑料电木粉。

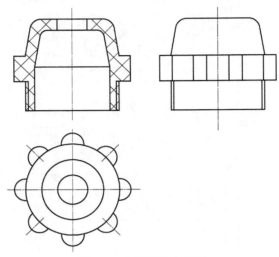

图 5.3　电器旋钮产品图

采用移动式压缩模成型时，模具设计制作为 1 模 1 腔的单分型面的结构。模具的结构如图 5.4 所示。

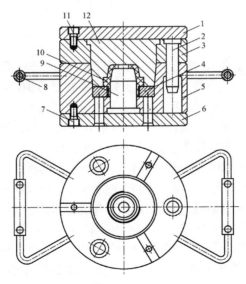

1—上模座板；2—导柱；3—凹模固定板；
4—螺纹型环；5—模套；6—下模座板；7、11—内六角螺钉；
8—手柄；9—下模型芯；10—塑料产品；12—凹模

图 5.4　电器旋钮移动式压缩模结构图

1．模具的结构组成

上模部分由上模座板 1、导柱 2、凹模固定板 3、凹模 12 和螺钉组成。下模部分由螺纹型环 4、模套 5、下模座板 6、手柄 8、下模型芯 9 和螺钉等零件组成。

2．模具的工作过程

先将螺纹型环 4 放入模套 5 的底部，将所需重量的热固性塑料电木粉放入由模套 5 等零件构成的加料室中，将上模与下模闭合；然后握住手柄 8，将整副模具移到压机中进行压制成型。待塑件固化成型后，将模具移出压机，利用专用卸模架中的推杆将螺纹型环 4 和成型后的塑件产品 10 一起推出模套 5；最后从塑件上拧下螺纹型环，重新放入模中使用，完成一个成型周期。

5.1.3 半固定式压缩模

如图 5.5 所示，这是一副半固定式压缩模。该模具的特点为开、合模在压机内进行，一般将上模用压板 7 固定在压机上，下模可沿导轨 6 移动并用限位块限定移动的位置。

合模前，首先要将金属或非金属嵌件放入凹模 1 中固定，再放入所要求重量的热固性塑料材料。通过手柄 5 使凹模 1 沿导轨 6 移动至限位块所限定的位置。合模时，通过导柱 2 导向定位，在压机的加热加压下熔化塑料并充满型腔，经固化成型后，压机将上模提升，用手将下模沿导轨 6 移出后再从下模中取出塑件。该模具结构通常用于需要安放嵌件的塑件的压缩成型中，在安放嵌件和加料时比较方便，以降低劳动强度，特别是当移动式模具过重或嵌件过多时，为便于操作，可采用这种模具结构。

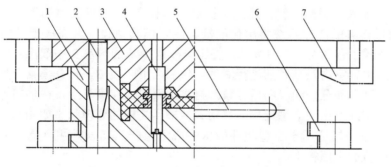

1—凹模（加料室）；2—导柱；3—凸模；4—型芯；5—手柄；6—导轨；7—压板

图 5.5 半固定式压缩模

5.2 压注模的结构

压注成型和压缩成型都是热固性塑料常用的成型方法。压注模又称传递模，它与压缩模在模具结构上的最大区别在于：压注模设有单独的加料室。

压注成型的一般过程：先闭合模具，然后将塑料加入模具加料室中，使其受热成熔融状态，在与加料室相配合的压料柱塞的作用下，使熔料通过设在加料室底部的浇注系统高速挤入型腔。塑料在型腔内继续受热受压而发生交联反应并固化成型。最后打开模具取出塑件，清理加料室和浇注系统后进行下一次成型过程。

5.2.1 移动式料槽压注模

图 5.6 所示为一移动式料槽压注模结构，其特点是加料室和模具主体部分可各自分离。

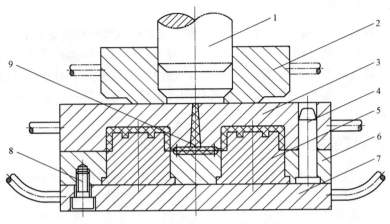

1—压料柱塞；2—加料室；3—凹模；4—导柱；
5—型芯；6—型芯固定板；7—下模板；8—内六角螺钉；9—浇注系统

图 5.6 移动式料槽压注模结构

1．模具的工作过程

在加料室中加入热固性塑料，通过压机对压料柱塞 1 进行加热加压，在加料室中使塑料熔化，并通过模具的浇注系统将熔化的塑料注入模具型腔中。完成塑件的压注成型工艺后，压机的上压板上移离开压料柱塞 1，将压料柱塞 1 从加料室 2 中取出。然后从模具上移开加料室 2，对加料室内及其底部进行清理。随后取下凹模 3，打开模具分型面取出塑件和浇注系统。清理型芯和分型面表面后合模，再将加料室放在模具上，在加料室中加入热固性塑料，进行下一周期的压注成型过程。移动式料槽压注模的分模状态如图 5.7 所示。

移动式料槽压注模适用于小型塑件的压注成型生产，其压料柱塞是一个活动的零件，不需要连接到压机的上压板上。

2．加料腔的结构

加料腔的截面大多为圆形，但也有矩形和椭圆形结构，主要取决于模腔的结构及数量。由于移动式料槽压注模的加料室可单独取下，并且有一定的通用性，因而加料腔需要考虑与模具的定位和配合等问题。图 5.8 所示的是几种常用的配合形式。

图 5.8（a）所示为导柱定位加料腔，在这种结构中，导柱既可以固定在上模，也可以固定在加料腔上，其间隙配合一端应采用较大间隙，这种结构拆卸和清理不太方便；图 5.8（b）所示为采用圆柱销在加料室外部定位，这种结构加工及使用都比较方便；图 5.8（c）所示为采用加料室内部凸台定位，这种结构可以减少溢料的可能性，因此得到广泛的应用。

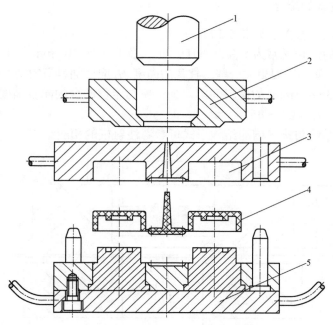

1—压料柱塞；2—加料室；3—凹模；4—成型后的塑件及浇注系统；5—下模

图 5.7　移动式料槽压注模的分模状态图

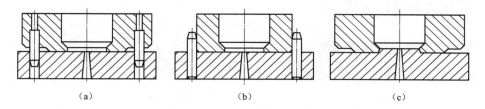

（a）　　　　　　　　　　　（b）　　　　　　　　　　　（c）

图 5.8　加料室与模具的几种定位配合形式

加料室的材料一般采用 T10A、CrWMn、Cr12 等，硬度为 52～56HRC，加料室内腔最好镀铬且抛光至表面粗糙度为 $Ra0.4\mu m$ 以下。

3．柱塞的结构

图 5.9 所示为常用的柱塞结构。图 5.9（a）所示为简单的圆形结构，加工简便省料，常用于移动式压注模；图 5.9（b）所示为带凸缘的结构，承压面积大，压注平稳，移动式与固定式压注模均能使用。柱塞选用的材料的热处理要求与加料室相同。

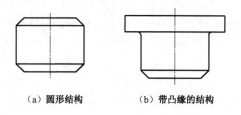

（a）圆形结构　　　　　（b）带凸缘的结构

图 5.9　常用的柱塞结构

4．加料室与柱塞的配合

加料室与柱塞的配合关系如图 5.10 所示。

加料室与柱塞的配合通常为 H8/f9～H9/f9 或采用 0.05～0.1mm 的单边间隙。若结构采用带有环槽的柱塞，间隙还要更大一些。柱塞的高度 H_1 应比加料室的高度 H 小 0.5～1mm，底部转角处应留 0.3～0.5mm 的储料间隙，加料室与定位凸台的配合高度差为 0～0.1mm，加料室的底部倾角为 $\alpha=40°～45°$。

压注模的浇注系统与排气槽的结构形式可参考注射模的相应结构。

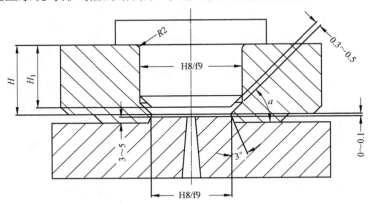

图 5.10　加料室与柱塞的配合关系图

5.2.2　固定式料槽压注模

1．固定式料槽压注模的特点

图 5.11 所示为一典型的固定式料槽压注模。

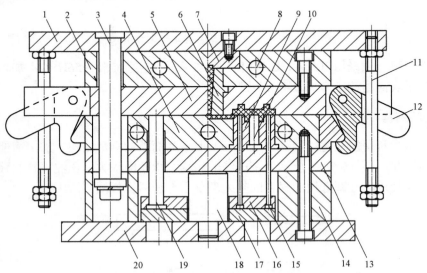

1—上模座板；2—加料室；3—定距杆；4—型芯固定板；5—上凹模板；
6—浇口套；7—压柱；8—加热器安装孔；9—型芯；10—小型芯；11—拉杆；12—拉钩；13—垫板；
14—垫块；15—顶杆；16—顶杆固定板；17—顶杆垫板；18—支承柱；19—复位杆；20—下模座板

图 5.11　固定式料槽压注模

模具的压料柱与压机的上板连接在一起，加料室与模具的上模部分连接为一个整体，下模部分固定在压机的下压板上。模具打开时，加料室外与上模部分悬挂在压料柱塞与下模之间，以便取出塑件并清理加料室。固定式料槽压注模用于较大塑件的生产。

2．模具的工作过程

首先通过安装在加热器安装孔内的加热棒对模具加热至所需要的温度，再在加料室中根据需要加入一定量的热固性塑料，在压机的压力作用下，连接在上模底板的压柱将加料室中的熔融塑料，通过浇口套和开设在型芯固定板上的分流道和浇口，压入到模具的型腔中固化成型。开模时，压机的上工作台带着上模座板上升，压柱拉断浇口套中的主流道废料离开加料室，A 分型面分开，取出主流道废料。当上模上升到一定的高度后，拉杆上的螺母迫使拉钩转动，使之与下模部分脱开，接着在限位杆的限定下模具从 B 分型面分开，塑件因收缩留在下模。最后由压机上的顶杆推动顶针脱模机构，将塑件和分流道凝料顶出。在加料室中加入塑料原料后合模。合模时，由复位杆使脱模机构复位，拉钩靠自重将下模部分锁住。固定式料槽压注模开模状态如图 5.12 所示。

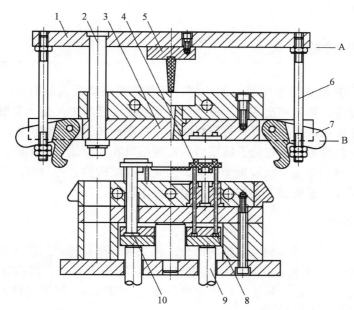

1—上模座板；2—定距杆；3—上凹模板；4—成型后的塑件；
5—压柱；6—拉杆；7—拉钩；8—顶杆；9—压机顶杆；10—复位杆

图 5.12　固定式料槽压注模开模状态图

5.2.3　压注模的结构组成

1．成型零部件

成型零部件部分是成型塑件的最重要的部分，与压缩模相仿，同样由凹模、凸模和型芯等零件组成。分型面的选择及形式与注射模、压缩模基本类似。

2. 加料装置

压注模的加料装置由加料室和压柱柱塞等零件组成。移动式压注模的加料室和模具本体是可分离的，开模前，先取下加料室，然后再开模取出塑件。固定式压注模的加料室在上模部分，加料时可与压柱柱塞部分定距分型。

3. 浇注系统

压注模的浇注系统与注射模相似，包括主流道、分流道和浇口。单型腔压注模与注射模的点浇口和直接浇口相似，并可在加料室底部开设多个流道进入型腔。

4. 加热系统

移动式压注模是利用压机上的上、下加热板进行加热的，其加热的方式与压缩模相同。固定式压注模，其结构主要由压柱柱塞、上模和下模三部分组成，因此应分别对这三部分进行加热。

除以上部分外，压注模根据需要也有与注射模、压缩模相类似的导向机构、侧向分型与抽芯机构、脱模机构等。

5.3 挤出模结构

挤出模是塑料挤出成型所用模具的统称，又称挤塑成型机头或模头，是塑料挤出成型加工的重要工艺设备。塑料挤出成型，在热塑性塑料加工领域中，是一类用途广、变化多、所占比重大的加工方法。挤出成型是将塑料注入，并在旋转的螺杆和机筒之间进行输送、压缩、熔融、塑化，然后定量通过处于挤塑机头部的模具和定型装置，生产出连续型材的加工工艺过程。挤出型材的截面形状取决于模具。因此模具结构的合理与否，不仅影响产品的经济性，同时也是保证良好成型工艺和成型质量的决定因素。

1. 挤出模的作用

一般塑料型材的挤出成型模具包括两部分：机头（口模）和定型模（套）。

（1）机头的作用。机头是挤出成型的主要部件，它使来自挤出机的熔融塑料由螺旋旋转运动变为直线运动，并进一步塑化，产生所需的成型压力，保证塑件的密实，从而获得截面形状一致的连续型材。

（2）定型模的作用。采用冷却、加压或抽真空的方法，将从机头中挤出的塑料的形状稳定下来，并对其进行调整，从而得到截面尺寸更为精确、表面更光亮的塑料制件。

2. 挤出模的分类

由于挤出成型的塑件截面形式多种多样，因此，实际生产中需要设计不同的机头来满足塑件的具体要求，通常按以下几种方法对机头分类。

（1）按制件的类型分类。通常挤出成型的塑件有管材、棒材、板材、片材、网材、单丝、粒料、各种异型材、吹塑薄膜、带有塑料包覆的电线电缆等，因此，根据塑件的不同截面形状相应地分为挤管机头、挤板机头、吹膜机头、电线电缆机头和异型材机头等。

（2）按制件的出口方向分类。按照塑件从机头挤出的方向不同，可分为直通机头和角式机头。在直通机头中，塑料熔体在机头内挤出流向与挤出机螺杆的轴向平行（如硬管机头）。角式机头则是挤出流向与螺杆轴向成一定的角度（如电缆机头），两者方向成直角，又称直角机头。

（3）按塑料在机头内所受压力分类。挤出成型根据机头内对塑料熔体压力不同，可分为低压机头、中压机头和高压机头。低压机头对塑料熔体的压力小于 4MPa，中压机头对塑料熔体的压力为 4～10MPa，高压机头对塑料熔体的压力大于 10MPa。

3．挤出模的结构组成

以典型的管材挤出成型机头为例，如图 5.13 所示的是一套管材挤出成型机头。机头的成型部分分为三个区，即分流区、压缩区和成型区。管材挤出成型机头的结构组成可分为以下几个主要部分。

（1）口模和芯棒。口模用来成型塑件的外表面，芯棒用来成型塑件的内表面。因此，口模和芯棒决定了管材塑件的截面形状。管材的外径由口模的内径决定，但管材离开口模后，由于压力降低，塑料管出现回复而膨胀，由于冷却、牵引，塑料管又有缩小的趋势，因此，口模的断面尺寸一般凭经验确定，并通过调节螺钉调节口模和芯棒的环隙，使其满足产品的要求。

由于芯棒是成型管材塑件内表面形状的零件，一般与分流器之间要用螺纹连接，其中心孔用来通入压缩空气，以便管材产生内压，从而使塑管的外径定型，以保证塑管外径。芯棒的外径通常指定型段直径，它决定了管材成型的内径。

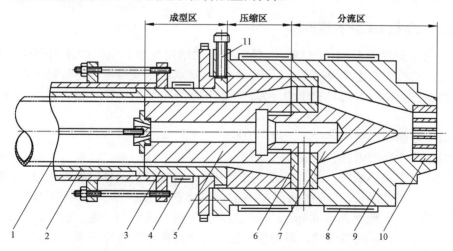

1—成型管材；2—定径套；3—口模；4、8—电加热圈加热器；
5—芯棒；6—分流器支架；7—分流器；9—机头体；10—多孔过滤板；11—调节螺钉

图 5.13　管材挤出成型机头

（2）过滤板。过滤板的作用是将塑料熔体由螺旋运动转变为直线运动，过滤杂质，并形成一定的压力。过滤板又称多孔过滤板，同时还起支撑过滤网的作用。

（3）分流器和分流器支架。分流器使通过它的塑料熔体分流变成薄环状以平稳地进入成型区，同时进一步加热和塑化；分流器支架主要用来支撑分流器及芯棒，同时也能对分流后的塑料熔体加强剪切混合作用。小型机头的分流器与其支架常设计成整体结构，如图 5.14 所示。

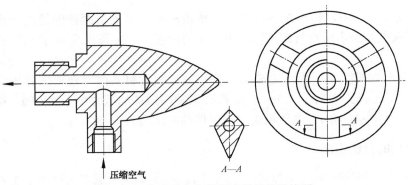

图 5.14　分流器和分流器支架整体结构图

（4）机头体。机头体相当于模架，用来组装并支撑机头的各零部件。机头体须与挤出机筒连接，连接处应密封以防塑料熔体泄漏。

（5）温度调节系统。为了保证塑料熔体在机头中正常流动及挤出成型质量，机头上一般设有可以加热的温度调节系统（如电加热圈等）。

（6）调节螺钉。调节螺钉用来调节控制成型区内口模与芯棒间的环隙及同轴度，以保证挤出的管材塑件壁厚均匀。通常调节螺钉的数量为 4～8 个。

（7）定径套。离开成型区后的塑料熔体虽已具有给定的截面形状，但因其温度仍较高不能抵抗自重变形，为此需要用定径套对其进行冷却定型，以使塑料管件获得良好的表面质量、准确的尺寸和几何形状。

4．挤出成型机头的设计原则

（1）根据不同的制品和挤出材料，确定机头的结构类型。机头的结构要求紧凑合理，选材要适宜，与料筒的连接要严密并易于拆装，其形状应尽量对称，使传热均匀。

（2）确定机头流道内物料的流动压力，一般情况下，物料的流动压力在 5～30MPa 范围内选取。

（3）确定芯棒和口模的定径段长度和直径。

（4）确定冷却套的内径和长度。

（5）合理设置加热装置，并要正确地控制温度。口模与机头体的温度应独立控制。

（6）机头内腔流道设计成流线形，不能急剧地扩大或缩小，以避免死角和物料停滞区。流道应光滑，粗糙度 $Ra \leqslant 0.4\mu m$，以便熔体沿流道充满并均匀地流出，防止塑料过热分解，必要时还应进行镀硬铬处理，以增强抗腐蚀能力。镀层的厚度一般为 0.02～0.03mm。

（7）冷却定径套必须保证良好的冷却。

（8）流道应具有足够的压缩比，以保证挤出成型后的管材塑件密实。压缩比是指流道中的最大环状截面积与出料口处的环状面积之比。必须考虑塑料的特性和成型条件，如温度、压力等因素，正确设计机头成型部分的截面形状，以保证熔体挤出成型后具有符合要求的截面形状。

5.4　中空吹塑模具结构

中空吹塑成型是将处于塑性状态的塑料型坯置于模具内，使压缩空气注入型坯中将其吹胀，使之紧贴于模腔上，冷却定型后得到一定形状的中空塑件的加工方法。吹塑成型的制件多为中空的容器类器具，例如，瓶子、桶、罐、箱等。

吹塑的方法虽然很多，但包括塑料型坯制造和吹胀这两个不可缺少的基本阶段。根据在生产中实现这两个阶段的运作形式的不同，可将中空吹塑成型工艺分为挤出吹塑、注射吹塑、拉伸吹塑、多层吹塑等，其中挤出吹塑应用最为广泛。

1．挤出吹塑成型工艺

挤出吹塑是成型中空塑件制品的主要方法。图 5.15 所示是挤出吹塑成型工艺过程的示意图。

首先挤出机挤出管状型坯，如图 5.15（a）所示；截取一段管坯趁热将其放在模具中闭合，对开结构形式的模具同时夹紧型坯的上下两端，如图 5.15（b）所示；然后用吹管通入压缩空气，使型坯吹胀并贴于型腔表壁成型，如图 5.15（c）所示；最后经保压和冷却定型，便可排出压缩空气并开模取出塑件，如图 5.15（d）所示。挤出吹塑成型模具结构简单，投资少，易操作，适用于多种塑料的中空吹塑成型，其缺点是壁厚受压缩空气的影响不易均匀一致，塑件需进行后加工处理，以去除飞边。

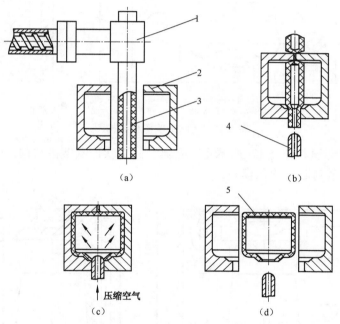

1—挤出机头；2—吹塑模；3—管状型坯；4—压缩空气吹管；5—塑件

图 5.15　挤出吹塑中空成型工艺过程示意图

2．挤出吹塑模具结构

中空吹塑模具的结构通常由两瓣合成，即对开的结构形式。对于大型吹塑模具可以设置冷却水道。模口部分制作成较窄的切口，以便切断型坯。

由于吹塑过程中模腔的压力不大，一般压缩空气的压力为 0.2～0.7MPa，故制作模具可供选择的材料较多，最常用的模具材料有锌合金、铝合金等。由于锌合金易于铸造和机械加工，多用它来制造形状不规则的容器模腔。对用于大批量生产硬质塑料制件的模具，可选用钢材制造，淬火硬度为 40～45HRC，模腔部分可抛光镀铬，使容器的表面具有光泽。

从模具的结构和工艺方法上看，吹塑模可分为上吹口模和下吹口模两类。

（1）上吹口吹塑模。图 5.16 所示的是一副典型的上吹口吹塑模结构，压缩空气从模具的上端吹入模腔。

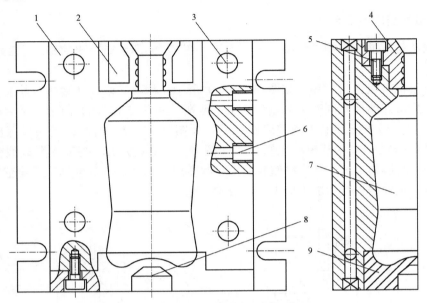

1—模体；2、8—余料槽；3—导柱（孔）；
4—口部镶块；5—内六角螺钉；6—冷却水道；7—型腔；9—底部镶块

图 5.16　上吹口吹塑模结构图

（2）下吹口吹塑模。图 5.17 所示是一副典型的下吹口吹塑模结构，使用时料坯套在底部芯棒上，压缩空气自芯棒吹入模腔。

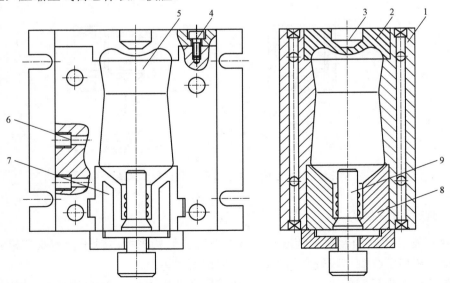

1—模体；2—顶部镶块；3—余料槽；4—内六角螺钉；5—型腔；6—冷却水道；8—口部镶块；9—底部芯轴

图 5.17　下吹口吹塑模结构图

3．吹塑模具结构设计要点

（1）夹坯口：夹坯口也称切口。挤出吹塑成型过程中，模具在闭合的同时需将型坯封口并将余料切除，因此，在模具的相应部位要设置夹坯口，如图 5.18 所示。夹料区的深度 h 可选择型坯厚度的 2～3 倍。切口的倾角 α 选择 15°～45°，切口宽度 L 对于小型吹塑件取 1～2mm，对于大型吹塑件取 2～4mm。如果夹坯口角度太大，宽度太小，会造成塑件的接缝质量不高，甚至会出现裂缝。

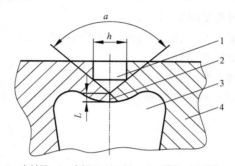

1—夹料区；2—夹坯口（切口）；3—型腔；4—模体

图 5.18 中空吹塑模夹料区结构图

（2）余料槽：型坯在夹坯口的切断作用下，会有多余的塑料被切除下来，它们将容纳在余料槽内。余料槽通常设置在夹坯口的两侧，其大小应根据型坯夹持后余料的宽度和厚度来确定，以模具能严密闭合为准。

（3）排气孔槽：模具闭合后，型腔呈封闭状态，应考虑在型坯吹胀时模具内原有空气的排出问题。排气不良会使塑件表面出现斑纹、麻坑及成型不完整等缺陷。为此，吹塑模还要考虑设置一定数量的排气孔。排气孔一般设置在模具型腔的凹坑、尖角处，以及最后贴模的地方。排气孔的直径通常取 0.5～1mm。此外，分型面上开设宽度为 10～20mm、深度为 0.03～0.05mm 的排气槽也是排气的主要方法。

（4）模具的冷却：模具冷却是保证中空吹塑成型工艺正常进行、保证产品外观质量、提高生产率的重要因素。对于大型模具，可以采用箱式冷却，即在型腔背后铣一个空槽，再用一块板盖上，中间加上密封件。对于小型模具，则可直接在模具上开设冷却循环水道，成型时通过冷却水冷却模具。

习题 5

问答题

（1）压缩成型有何特点？其应用于哪些方面？

（2）简述固定式压缩模的工作过程和结构组成。

（3）移动式压缩模与固定式压缩模相比，在结构上有哪些区别？简述移动式压缩模的工作过程。

（4）压注成型与压缩成型和注射成型相比较，各有何优缺点？

（5）简述移动式压注模的工作过程。

（6）压注模的加料室在结构上有什么特点？柱塞有什么作用？加料室与柱塞的配合关系怎样？

（7）简述固定式压注模的工作过程。

（8）固定式压注模的结构由哪些部分所组成？

（9）挤出成型有什么特点？挤出成型模具包括哪两个部分？

（10）在挤出成型模具中，机头和定型模各有什么作用？

（11）挤出成型模具如何分类？

（12）挤出成型模具的结构组成有哪些？各起什么作用？

（13）设计挤出成型机头时要遵循哪些原则？

（14）什么是中空吹塑成型工艺？通常将中空吹塑成型分为哪几类？

（15）简述挤出吹塑中空成型工艺过程。

（16）挤出吹塑模有哪两类？其结构组成如何？

（17）挤出吹塑模的结构设计要求有哪些？

第6章

模具 CAD/CAE/CAM 简介

随着计算机的普及，CAD/CAE/CAM 技术在模具的设计制造过程中获得越来越广泛的应用。在塑料成型加工生产中，塑料模具是制作塑料零件的主要工艺装备，它直接决定了塑料制件的外观及加工质量。传统的塑料模具设计和制造，大部分是采用人工作业，不仅生产周期长，而且加工质量难以保证。制造出来的模具很少能做到一次试模成功，一般都要经过反复的修改，反复试模，最后才获得比较满意的效果。因此，在很大程度上制约了塑料工业的快速发展。随着计算机的迅速发展，数控加工技术的广泛应用，CAD/CAE/CAM 技术应用到塑料成型加工和模具的设计、加工生产过程中。这种技术的使用，不仅使模具的设计和制造一体化，而且通过计算机模拟分析，将试模过程提前到设计阶段去模拟完成，将试模过程中所能出现的各种问题，在设计阶段就能加以解决，从而避免了生产过程中出现的不必要的各种浪费，大大地缩短生产周期。

模具 CAD/CAE/CAM 技术，是指模具的计算机辅助设计（CAD）、计算机辅助工程（CAE）和计算机辅助制造（CAM）的总称。采用数据文件对产品进行造型结构设计，通过计算分析和对软件的操作，完成工艺设计、模具设计，并模拟塑件的成型加工、数控加工，解决产品在塑件设计、模具设计和注射成型中的实际问题。

6.1 模具 CAD

模具 CAD 是模具计算机辅助设计的简称，是指用计算机作为主要的技术手段来生成和运用各种数字和图像信息，对模具进行设计。

6.1.1 模具 CAD 的内容

模具 CAD 的内容主要包括以下几个方面。

1. 塑件的几何造型

通过软件的操作，对塑件的几何特征和实体构造进行设计，以获得塑件所要求的外观形状、尺寸和结构特征。在设计过程中，要依据产品的使用要求，以及与相关零件的装配要求，确定塑件的形状、尺寸、表面质量要求等。合理地选用塑件的壁厚、脱模斜度、加强筋、支承面、孔位、过渡圆角等基本参数，使塑件的结构既满足使用性能的要求，又满足成型工艺的要求。

2．模腔尺寸的确定

因塑料模具属型腔模具，也就是在模具中制造一个与产品实体基本一致的空腔。通过成型设备将塑料原料熔化成熔体，在一定的压力下注入到模具的空腔中，固化后形成塑件。而熔体的温度较高，成型的塑件冷却后因收缩性使尺寸减少。要得到塑件的实际尺寸，必须使模具的型腔尺寸在产品的基础上放大。工业上称为"放缩水"。因此模具型腔的尺寸，实际上是在产品尺寸的基础上放大一个收缩率。软件操作很容易能实现这一过程。

3．模具结构设计

采用模具设计软件确定模具的型腔数目，合理布置型腔的位置，确定模芯的大小，并设计浇注系统、模温控制系统、排气系统和脱模机构方案，为标准模架的选用和模具各部分的结构设计作好准备。

4．选择标准模架

在模具设计软件中，一般都包含有标准模架数据库及模具的标准零件数据库。根据所确定的模芯尺寸，选择合适的标准模架。

用做标准模架选择的设计软件应具有两个功能：一是协助设计者输入本企业的标准模架，以建立专用的标准模架库；二是能方便地从已建好的专用标准模架库中，选出在设计中所需要的模架类型及全部模具标准件的图形和数据。

5．总装配图的设计

根据所选择的标准模架及已完成的型腔布置，进一步完成浇注系统、模温控制系统、排气系统和脱模机构的设计，最终完成模具装配图的总体设计。

6．模具零件图的设计

按照模具装配的结构，设计、绘制、生成模具的零件图，并标注零件图的尺寸，确定零件的加工要求和装配要求。

7．计算和校核

模具设计软件可将理论计算和实践经验相结合，为模具设计工作者提供对模具零件的全面的计算和校核，以保证模具结构中有关参数的正确性。

6.1.2　模具 CAD 的功能特点

在模具的设计中，模具 CAD 应具有以下功能。

1．描述塑件几何形状的功能

模具的成型零部件是塑料模具的核心部分，成型塑件外表面的型腔和成型塑件内表面的型芯，其形状和尺寸直接依照塑件的形状和尺寸放大获得。因而模具设计的软件必须具备描述塑件几何形状的能力，即具有几何造型的各种功能。然后根据塑件的几何形状构造出模具的成型零部件。

2．模具标准化的功能

在建立模具 CAD 系统时，必须首先解决标准化的问题。因为模具的标准化对提高模具质量精度，降低模具生产成本，减少模具生产周期都具有极其重要的作用。

模具的标准化主要包括设计准则的标准化、模具结构的标准化和模具零件的标准化等。在设计模具时首先选择典型的模具结构形式、采用标准模架、调用标准零部件。这样在设计过程中，只需要考虑少部分与工作相关的零件，从而在很大程度上提高了模具设计的效率。

3．设计数据的处理功能

人工设计模具结构时，所采用的数据大部分是以数据表格和线图形式给定的。采用模具 CAD 时，必须对这些数据表格和线图进行程序化和公式化的处理后，储存于计算机内，随时调用，这样对修改模具结构工作只需要进行编辑就能完成。为设计人员的使用带来极大的便利。

4．广泛的适应性

对不同的塑件结构，要求模具能与之相适应，可随不同的产品结构而变化。针对各种复杂多变的塑件结构，模具设计要因地制宜，根据具体的问题进行具体的分析处理。同一塑件可以用多种结构来制得。因而模具设计时，对设计人员而言还包含一定的经验因素。

模具 CAD 常用的软件有 AutoCAD，Pro/Engineer，UG Ⅱ，SolidWorks，CADDS5 等。标准模架和标准零件库软件有龙记模架_LTOOLS V4.1，YanXiu_Mold_2.5（燕秀工具箱）等。

6.1.3　注射模二维 CAD 系统

注射模 CAD 系统是随着机械 CAD 技术的发展而发展起来的，经历了从二维到三维的转变。在二维阶段，由于 AutoCAD 的普及应用，许多注射模 CAD 系统是在 AutoCAD 平台上二次开发而成的。

模具设计的主要目标是完成模具施工图纸的绘制。注射模设计是一个自上往下、逐步求精的过程。典型的步骤如下。

（1）确定模具结构的总体方案，包括型腔的布置，模架的选择等。

（2）根据制品的特点选择不同的模具结构进行功能单元的分配，如斜抽芯机构，冷却系统等都属于功能单元。

（3）功能单元的细化，包括组成各种功能单元的零件设计及绘图。

二维 CAD 的不足：

（1）不能方便地从塑料制品几何模型直接生成型腔几何模型，而只能将制品的轮廓作等距离的放大，生成型腔的形状。这会导致模具的精度不高，制品尺寸超过误差。

（2）注射模往往都具有复杂的型腔，二维多向视图的设计方法与三维曲面数控制加工方法和三维注射过程计算机模拟格格不入。

（3）在设计过程中生成的模具零件之间缺乏关联性，在调整装配结构和更改零件尺寸时，必须逐一检查各个零件的正确性及结构的关联性，设计效率低，且易出错。

（4）运用塑料注射成型过程模拟软件的前提是预先已知模具的布置方案、结构尺寸和成型条件，现行软件不能提供这些初始数据。

6.1.4　注射模三维 CAD 系统

三维设计与三维分析的应用和结合是当前注射模技术发展的必然趋势。在注射模结构设计中，传统的方法是采用二维设计，即先将三维的制品几何模型投影为若干二维视图后，再按二维视图进行模具结构设计。这种沿袭手工设计的方式已不能适应现代化生产和集成化技术的要求，现已有越来越多的公司采用基于实体模型的三维模具结构设计。与之相适应，在注射流动过程模拟软件方面，也开始由基于中性层面的二维分析方式向基于实体模型的三维分析方式过渡，使三维设计与三维分析的集成得以实现。

1．参数化设计

参数化设计是随着约束的概念引入 CAD 技术而出现的，又称尺寸驱动，是指对零件上各种特征施加各种约束形式。各个特征的几何形状与尺寸大小用变量的方式来表示，这个变量不仅可以是常数，而且可以是代数式。如果定义某个特征的变量发生了改变，则零件的这个特征的几何形状和尺寸大小将随着参数的改变而改变，随之刷新该特征及其相关联的各个特征，而不需要再重新画图。

2．建模技术

CAD 技术的核心是几何形体的构造，即几何建模。几何建模采用一套合适的数据结构来描述三维物体的几何形状，形成供计算机识别和处理的信息数据模型。在 CAD 技术的发展过程中，几何形体的构造由简单到复杂，所包含的信息也由少到多。到目前为止，主要有四种建模方法：①线框造型；②表面造型；③实体造型；④特征造型。

3．工程数据库

工程数据库是随着 CAD/CAE/CAM/CAPP 技术集成化软件系统的发展而发展起来的，这种集成化系统的所有功能模块的信息都是在一个统一的工程数据库下进行管理。它满足以下的功能要求：

（1）支持复杂对象及其语义关系的描述与处理。

（2）支持文字、图形、图像、动画等多媒体数据的管理。

（3）不仅能对静态数据建模，而且能对动态数据建模。

（4）支持约束的定义与维护，在设计过程中可实时修改对象的约束。

（5）支持快速查询，有良好的查询接口。

（6）支持不同设计版本的存储与管理，具有良好的多级版本功能。

（7）系统具有分布计算的能力。

4．变量装配设计技术

1）装配设计

装配设计是产品功能的输入处，也是产品功能的形成处。它能把产品的功能要求转化为后续设计者能理解、控制和操作的信息，并把这些信息在各个设计阶段传递、反馈，来指导各阶段的设计。装配设计的建模方法主要有以下三种。

（1）自底向上设计。这种方法先设计出详细零件，再拼装成产品；然后进行分析，发现问题再修改零件，再拼装，如此反复。

（2）概念设计。要求计算机程序自动将一个完全抽象的东西转化成一个实体几乎是不可能的，而且可选的结果是无限的。要支持概念设计，必须引入人工智能。人工智能在装配设计中的使用主要有两个方面：一是为设计者提供一个智能化的产品设计环境，帮助设计者明确而方便地表达自己的设计思想；二是提供知识库，通过逻辑推理将功能要求直接转化到具体的几何模型。

（3）自顶向下设计。先有产品的整体外形和功能设想，在这个整体外形里一级一级地划分出产品的部件，再划分出子部件，一直到最底层的粗糙的零件。在这一级一级的部件、零件的划分中，产品的整体功能同时一级一级地分解到这些部件和零件中实现，然后在被粗糙划分的部件、零件的外形和子功能控制下进行详细的零、部件设计，再进行装配，形成初步产品，通过必要的分析，再反馈到装配设计和零件设计，如此反复。

2）变量装配设计

变量装配设计通过概念设计把用户对产品的功能要求、设计意图转化为各个设计阶段都能理解和操作的设计变量和设计变量约束，各个设计阶段主要是装配设计和零件设计都在此设计变量和设计变量约束的指导和控制下完成。

5. 智能化设计

把人工智能技术运用于注射模 CAD 系统，是注射模 CAD 的一个发展趋势。人工智能技术和 CAD 技术的结合称为智能化设计。在现阶段，主要是专家系统在 CAD 中的应用，它的应用范围包括塑料材料的选择、模具总体方案设计、注射成型工艺参数选择、模具费用评估等方面。

随着实体造型、特征造型技术的日趋成熟，通用的三维 CAD 系统层出不穷，目前已成为机械 CAD 的主流产品，如 SolidWorks，Pro/Engineer，UG II，SolidEdge，CAXA，InteSolid 等。

基于三维机械 CAD 的注射模 CAD 软件已成为注射模 CAD 发展的必然趋势，并正在逐步占领市场，Unigraphics Solutions 公司推出的 MoldWizard 系统是目前注射模三维 CAD 系统的典型代表。

6.2　模具 CAE

模具 CAE，是模具计算机辅助工程的简称。CAE 将工程设计、试验、分析、文件生成乃至制造贯穿于产品研制过程的每一个环节之中，以计算机为辅助工具来指导和预测产品在构思、设计与制造阶段的行为。目前，注射模 CAE 仅限于注射过程的计算机分析，即模拟注射成形中熔体充模、保压与冷却过程，以及预测塑料制品在脱模时的翘曲变形。

模具 CAE 的目标是通过对塑料材料性能的研究和注射成型工艺过程的模拟，为塑件设计、材料选择、模具设计、注射成型工艺制定及注射过程控制提供科学依据。模具 CAE 技术分析型腔中塑料的流动、保压和冷却过程，计算制品和模具的应力分布，预测制品的翘曲变形，并由此分析工艺条件、材料参数及模具结构对制品质量的影响，达到优化制品和模具结构、优化成型工艺参数的目的。

塑料注射成型 CAE 软件主要包括流动保压模拟、流道平衡设计、冷却模拟、翘曲预测等功能。

流动保压模拟软件能提供不同时刻型腔内塑料熔体的温度、压力、剪切应力分布，其预测能直接指导工艺参数的选定及流道系统的设计。

流道平衡设计软件能帮助用户对一模多腔模具的流道系统进行平衡设计，计算各个流道和浇口的尺寸，以保证塑料熔体能同时充满各个型腔。

冷却模拟软件能计算冷却时间、制品及模腔的温度分布，其分析结果可以用来优化冷却系统的设计。

应力计算和翘曲预测软件则能计算出制品的收缩情况和内应力的分布，预测制品出模后的变形。

常用的注射模 CAE 软件有澳大利亚的 MoldFlow，美国的 C-Mold 和 UGⅡ，德国的 CAD-MOLD，法国的 STRIM1000 和英国的 DUCT5 等。

模具 CAE 的研究内容主要包括以下几个方面。

1．熔体充模的流动模拟

熔体在经流道、浇口进入型腔时，其路径虽不长，但充模流动的过程却十分复杂。模具 CAE 软件通过流动模拟，可以帮助设计人员优化注射成型工艺参数，确定合理的流道数目和浇口的位置，预测所需的注射压力及锁模力，并发现可能出现的注射不足、熔体的热降解、不合理的熔接痕位置等缺陷。

2．保压过程模拟

保压过程模拟的目的是帮助设计人员确定合理的保压压力和保压时间，改进浇口的设计，以减少型腔内熔体体积收缩的变化。

3．冷却过程模拟

冷却过程模拟的目的是对注射模的热交换效率和冷却系统的设计方案进行模拟，帮助设计人员确定冷却时间、冷却管路布置及冷却介质的流速、温度等冷却工艺参数，使型腔表面的温度尽可能均匀。

4．翘曲变形模拟

翘曲变形模拟的目的是预测在给定的加工条件下，塑件脱模后的外观质量、几何形状和尺寸、应力分布及机械性能。帮助设计人员修正塑件、模具的设计方案，进一步预测塑件的使用性能。

6.3 模具 CAM

模具 CAM，是模具计算机辅助制造的简称。是指利用计算机对模具制造过程进行设计、管理和控制。计算机辅助制造包括工艺设计、数控编程等。它借助计算机完成制造过程中的各项工作。

1．模具 CAM 系统的组成

（1）计算机自动编程。计算机自动编程是模具 CAM 的一个重要的组成部分，是将设想中的模具设计转变为精确的实体的重要中间手段。在计算机中，利用模具 CAD 的几何造型，对其进行几何定义，确定加工路线，设置加工条件，从而得到刀具运行的轨迹，并对其进行加工的模拟、仿真，最后得到 NC 代码。

（2）数控加工。数控加工是对模具零件加工的实施阶段，它利用数控机床，如数控制车床、数控铣床、数控镗床、数控磨床、加工中心等，输入 NC 代码，对毛坯料进行自动加工，最终得到合格的模具零件。

（3）计算机辅助工艺设计（CAPP）。CAPP 是利用计算机为被加工模具零件选择合理的加工方法和加工顺序，使之能按设计要求生产出合格的成品零件。CAPP 可以减少工艺师的重复劳动，而且不会因为工艺师的不同而对同一零件的设计缺少一致性，同时它又是 CAD 与 CAM 集成的桥梁。

（4）计算机辅助模具的生产管理。计算机辅助模具的生产管理主要包括模具生产的物料管理和模具生产的作业计划等。利用它可以进行模具生产的工时定额、工序安排、编制物料需求计划、车间生产任务进度的监控制等工作，是实现企业信息化的关键之一。

2．模具 CAM 系统的主要功能

（1）进行模具零件加工程序的自动编制，并利用数控机床对模具零件进行自动加工。

（2）利用仿真技术事先测试数控机床刀具的运动轨迹，检测是否"过切"及发生加工表面干涉。

（3）由计算机自动完成整个模具生产过程中的工艺过程设计。

（4）由计算机辅助对模具生产现场的生产作业计划及各种工料进行管理。

（5）利用计算机自动完成从模具产品的几何模型到工艺模型的转换。

习题 6

1．填空题

（1）模具 CAD/CAE/CAM 技术中 CAD 的含义是_____，CAE 的含义是_____，CAM 的含义是_____。

（2）塑料注射成型 CAE 软件主要包括_____、_____、_____、_____等功能。

（3）三维 CAD 系统的几何形体的构造到目前为止，主要有四种建模方法：①_____；②_____；③_____；④_____。

（4）三维 CAD 系统目前主要有_____，_____，_____，_____，_____，_____等。Unigraphics Solutions 公司推出的_____系统是目前注射模三维 CAD 系统的典型代表。

（5）CAPP 是利用计算机为被加工模具零件选择合理的_____和_____，使之能按设计要求生产出合格的成品零件。

（6）模具 CAD 常用的软件有_____，_____，_____，_____，_____等。标准模架和标准零件库软件有_____，_____（燕秀工具箱）等。

2．判断题

1．CAPP 可以减少工艺师的重复劳动，但可能因为不同的工艺师对同一零件的设计缺少一致性。
（　　）

2．几何建模采用一套合适的数据结构来描述三维物体的几何形状，形成供计算机识别和处理的信息数据模型。（　　）

3．问答题

1．模具 CAD 主要设计内容有哪些？模具 CAD、CAE、CAM 的概念是什么？

2．注射模二维 CAD 系统的典型步骤是什么？

3．注射模三维 CAD 系统中的工程数据库能满足哪些功能要求？

4．模具 CAE 的研究内容主要包括哪几个方面？

5．模具 CAM 系统由哪几项组成？其主要功能有哪些？

附录 A　常用热塑性塑料注射成型的工艺参数

塑料名称	硬聚氯乙烯	低压聚乙烯	聚丙烯 纯	聚丙烯 20%~40%玻纤增强	ABC 通用级	ABC 20%~40%玻纤增强	聚苯乙烯 纯	聚苯乙烯 20%~30%玻纤增强	聚甲醛(共聚)	氯化聚醚
注射机类型	螺杆式	柱塞式	螺杆式		螺杆式		柱塞式		螺杆式	螺杆式
预热和干燥 温度 t (℃)	70~90	70~80	80~100		80~85		60~752		80~100	100~105
预热和干燥 时间 T (h)	4~6	1~2	1~2		2~3				3~5	1.0
料筒温度 t (℃) 后	160~170	140~160	160~180	成型温度 230~290	150~170	成型温度 260~290	140~160	成型温度 260~280	160~170	170~180
料筒温度 t (℃) 中	165~180		180~200		165~180				170~180	185~200
料筒温度 t (℃) 前	170~190	170~200	200~220		180~200		170~190		180~190	210~240
喷嘴温度 t (℃)					170~180				170~180	180~190
模具温度 t (℃)	30~60	60~70(高温度) 33~55(低温度)	80~90		50~80	75	32~65		90~120①	80~110②
注射压力 p (MPa)	80~130	60~100	70~100	70~140	60~100	106~281	60~110	56~160	80~130	80~120
成型时间 T (s) 注射时间	15~60	15~60	20~60		20~90		15~45		20~90	15~60
成型时间 T (s) 高压时间	0~5	0~3	0~3		0~5		0~3		0~5	0~5
成型时间 T (s) 冷却时间	15~60	15~60	20~90		20~120		15~60		20~60	20~60
成型时间 T (s) 总周期	40~130	40~130	50~160		50~220		40~120		50~160	40~130
螺杆转速 n (r·min⁻¹)	28		48		30		48		28	28
后处理 方法					红外线灯烘箱		红外线灯烘箱		红外线灯、鼓风烘箱	
后处理 温度 t (℃)					70		70		140~1454	
后处理 时间 T (h)					2~4		2~4			
说明					AS 的成型条件与上相似		丁苯橡胶改性的聚苯乙烯的成型条件与上相似		均聚与共聚条件与上相似	

续表

塑料名称	聚碳酸酯 纯	聚碳酸酯 330%玻纤增强	聚砜	聚芳砜	聚苯醚	氟塑料 聚三氟氯乙烯	氟塑料 聚全氟乙丙烯	醋酸纤维素	聚酰亚胺	改性聚甲基丙烯酸甲酯(372)
注射机类型	螺杆式		螺杆式	螺杆式	螺杆式	螺杆式	螺杆式	柱塞式	螺杆式	螺杆式
预热和干燥 温度 t (℃)	110~120		120~140	200	130			70~75	130	70~80
预热和干燥 时间 T (h)	8~12		>4	6~8	4			4	4	4
料筒温度 t (℃) 后	210~240		250~270	310~370	230~240	200~210	165~190	150~170	240~270	
料筒温度 t (℃) 中	230~280	成型温度	280~300	345~385	250~280	285~290	270~290	170~190	260~290	160~180
料筒温度 t (℃) 前	240~285	210~300	310~330	385~420	260~290	275~280	310~330		280~315	
喷嘴温度 t (℃)	240~250		290~310							
模具温度 t (℃)	90~110①	90~110①	130~150①	230~260①	110~150①	110~130①	110~130①	20~80	130~150①	40~60
注射压力 p (MPa)	80~130	80~130	80~200	150~200	80~200	80~130	80~130	60~130	80~200	80~130
成型时间 T (s) 注射时间	20~90		30~90	15~20	30~90	20~60	20~60	15~45	30~60	20~60
成型时间 T (s) 高压时间	0~5		0~5	0~5	0~5	0~3	0~3	0~3	0~5	0~5
成型时间 T (s) 冷却时间	20~90		30~60	10~20	30~60	20~60	15~45	15~40	20~90	20~90
成型时间 T (s) 总周期	40~190		65~160		70~160	50~130	40~100	40~100	60~160	50~150
螺杆转速 n (r·min⁻¹)	28		28	28	28	30	30		28	
后处理 方法	红外线灯 鼓风烘箱		红外线灯、鼓风烘箱、甘油		红外线灯、甘油				红外线灯、鼓风烘箱	红外线灯、鼓风烘箱
后处理 温度 t (℃)	100~110		110~130		150				150	70
后处理 时间 T (h)	8~12		4~8		1~4				4	4
说明						无增塑剂类	无增塑剂类			

续表

塑料名称		聚酰胺								
		尼龙1010	35%玻纤增强尼龙1010	尼龙6	30%玻纤增温尼龙6	尼龙66	20%~40%玻纤增强尼龙66	尼龙610	尼龙9	尼龙11
注射机类型		螺杆式		螺杆式		螺杆式		螺杆式	螺杆式	螺杆式
预热和干燥	温度 t(℃)	100~110		100~110		100~110		100~110	100~110	100~110
	时间 T(h)	12~16		12~16		12~16		12~16	12~16	12~16
料筒温度 t(℃)	后	190~210	成型温度		成型温度		成型温度			
	中	200~220		220~300		245~350		220~300	220~300	180~250
	前	210~230	190~250		227~316		230~280			
喷嘴温度 t(℃)		40~210								
模具温度 t(℃)		40~80			70		110~120			
注射压力 p(MPa)		40~100	80~100	70~120	70~176	70~120	80~130	70~120	70~120	70~120
成型时间 T(s)	注射时间	20~90								
	高压时间	0~5								
	冷却时间	20~120								
	总周期	45~220								
螺杆转速 n(r·min⁻¹)										
螺杆转速 n(r·min⁻¹)	方法	油、水、盐水								
	温度 t(℃)					90~100				
	时间 T(h)					4				
说明		预热和干燥均采用鼓风烘箱。凡潮湿环境使用的塑料，应进行湿调处理，在100~120℃水中加热 2~18h。								

注：上述成型条件仅供参考，且质量为100~500g 的塑件在实际生产中均需酌情调整。

① 塑料模具温度控制系统应以加热为宜。

附录 B　常用热塑性塑料的主要技术指标

塑料名称	聚氯乙烯		聚乙烯		聚丙烯		聚苯乙烯			苯乙烯共聚		
	硬	软	高密度	低密度	纯	玻纤增强	一般型	抗冲击料	20%~30%玻纤增强	AS(无填料)	ABS	20%~40%玻纤增强
密度 ρ (kg·dm^{-3})	1.35~1.45	1.16~1.35	0.94~0.97	0.91~0.93	0.90~0.91	1.04~1.05	1.04~1.06	0.98~1.10	1.20~1.33	1.08~1.01	1.02~1.16	1.23~1.36
比体积 v (dm^3·kg^{-1})	0.69~0.74	0.74~0.86	1.03~1.06	1.08~1.10	1.10~1.11		0.94~0.96	0.91~1.02	0.75~0.83		0.86~0.98	
吸水率(24h) $w_{p\cdot c}\times100$	0.07~0.4	0.15~0.75	<0.01	<0.01	0.01~0.03	0.05	0.03~0.05	0.1~0.3	0.05~0.07	0.2~0.3	0.2~0.4	0.18~0.4
收缩率 s	0.6~1.0	1.5~2.5	1.5~3.0		1.0~3.0	0.4~0.8	0.5~0.6	0.3~0.6	0.3~0.5	0.2~0.7	0.4~0.7	0.1~0.2
熔点 t (℃)	160~212	110~160	105~137	105~125	170~176	170~180	131~165				130~160	104~121
热变形温度 t(℃) 0.46MPa	67~82		60~82		102~115	127	65~96	64~92.5	82~112	88~104	90~108	99~116
热变形温度 t(℃) 0.185MPa	54		48		56~67						83~103	
抗拉屈服强度 σ (MPa)	35.2~50	10.5~24.6	22~39	7~19	37	78~90	35~63	14~48	77~106	63~84.4	50	59.8~133.6
拉伸弹性模量 E_t (MPa)	2.4~4.2×10^3		0.84~0.95×10^3				2.8~3.5×10^3	1.4~3.1×10^3	3.23×10^3	2.81~3.94×10^3	1.8×10^3	4.1~7.2×10^3
抗弯强度 σ_f (MPa)	≥90		20.8~40	25	67.5	132	61~98	35~70	70~119	98.5~133.6	80	112.5~189.9
冲击韧度 无缺口 a_n (kJ·m^{-2})	58		不断	不断	78	51					261	
冲击韧度 缺口 a_k (kJ·m^{-2})			65.5	48	3.5~4.8	14.1	0.54~0.86	1.1~23.6	0.75~13		11	
硬度 HB	16.2~ 邵R110~120	邵96(A)	邵D60~70 2.07	邵D41~46	8.65 R95~105	9.1	M65~80	M20~80	M65~90	洛氏 M80~90	洛氏 R121 9.7	洛氏 M65~100
体积电阻系数 ρ_v (Ω·cm)	6.71×10^{13}	6.71×10^{13}	10^{15}~10^{16}	>10^{16}	>10^{16}	>10^{16}	>10^{16}	>10^{16}	10^{13}~10^{17}	>10^{16}	6.71×10^{13}	
击穿强度 E (kV·cm^{-1})	26.5	26.5	17.7~19.7	18.1~27.5	30		19.7~27.5			15.7~19.7		

续表

表头分组：**苯乙烯改性**（C1）；**聚酰胺**（尼龙1010～尼龙11）；**聚砜**（C12）。

塑料名称	符号(单位)	苯乙烯改性 聚甲基丙烯酸酯(372)	尼龙1010	30%玻纤增强尼龙1010	尼龙6	30%玻纤增强尼龙6	尼龙66	30%玻纤增强尼龙66	尼龙610	40%玻纤增强尼龙610	尼龙9	尼龙11	聚砜
密度	ρ (kg·dm^{-3})	1.12~1.16	1.04	1.19~1.30	1.10~1.15	1.21~1.35	1.10	1.35	1.07~1.13	1.38	1.05	1.04	1.41
比体积	v (dm^3·kg^{-1})	0.86~0.89	0.96	0.77~0.84	0.87~0.91	0.74~0.83	0.91	0.74	0.88~0.93	0.72	0.95	0.96	0.71
吸水率(24h)	$w_{p\cdot c}\times100$	0.2	0.2~0.4	0.4~1.0	1.6~3.0	0.9~1.3	0.9~1.6	0.5~1.3	0.4~0.5	0.17~0.28	0.15	0.5	0.12~0.15
收缩率	s		1.3~2.3(纵向) 0.7~1.7(横向)	0.3~0.6	0.6~1.4	0.3~0.7	1.5	0.2~0.8	1.0~2.0	0.2~0.6	1.5~2.5	1.0~2.0	1.5~3.0
熔点	t (℃)		205		210~225		250~265		215~225		210~215	186~190	180~200
热变形温度	t (℃) 0.46MPa	85~99	148	174	140~176	216~264	149~176	262~265	149~185	215~226		68~150	158~174
热变形温度	t (℃) 0.185MPa		55		80~120	204~259	82~121	245~262	57~100	200~225		47~55	110~157
抗拉屈服强度	σ (MPa)	63	62		70	164	89.5	146.5	75.5	210	55.6	54	69
拉伸弹性模量	E_t (MPa)	3.5×10^3	1.8×10^3	8.7×10^3	2.6×10^3		$1.25\sim2.88\times10^3$	$6.02\sim12.6\times10^3$	2.3×10^3	11.4×10^3	1.4×10^3	1.4×10^3	2.5×10^3
抗弯强度	σ (MPa)	113~130	88	208	96.9	227	126	215	110	281	90.8	101	104
冲击韧度	α_n (kJ·m^{-2}) 无缺口		不断	84	不断	80	49	76	82.6	103	不断	56	202
冲击韧度	α_k (kJ·m^{-2}) 缺口	0.71~1.1	25.3	18	11.8	15.5	6.5	17.5	15.2	38		15	15
硬度	HB	M70~85	9.75	13.6	11.6M85~114	14.5	12.2R100~118	15.6M94	9.52M90~113	14.9	8.31	7.5R100	104
体积电阻系数	ρ_v (Ω·cm)	$<10^{14}$	$<1.5\times10^{15}$	6.7×10^{15}	1.7×10^{16}	4.77×10^{15}	4.2×10^{14}	5×10^{15}	3.7×10^{16}	$<10^{14}$	4.44×10^{15}	1.6×10^{15}	1.87×10^{14}
击穿强度	E (kV·cm^{-1})	15.7~17.7	20	>20	>20	>20	>15	16.4~20.2	15~25	23	>15	>15	18.6

续表

塑料名称	聚碳酸酯 纯	聚碳酸酯 20%~30%短玻纤增强	氯化聚醚	聚砜 纯	聚砜 30%玻纤增强	聚芳砜	聚苯醚	聚四氟乙烯	聚三氟氯乙烯	聚偏二氟乙烯	醋酸纤维素	聚酰亚胺（包封级）
密度 ρ (kg·dm⁻³)	1.20	1.34~1.35	1.4~1.41	1.24	1.34~1.40	1.37	1.06~1.07	2.1~2.2	2.11~2.3	1.76	1.23~1.34	1.55
比体积 v (dm³·kg⁻¹)	0.83	0.74~0.75	0.71	0.80	0.71~0.75	0.73	0.93~0.94	0.45~0.48	0.43~0.47	0.57	0.75~0.81	
吸水率(24h) $w_{p·c}×100$	0.15 (23℃,50%RH)	0.09~0.15	<0.01	0.12~0.22	<0.1	1.8	0.06	0.005	0.005	0.04	1.9~6.5	0.11
收缩率 s	0.5~0.7	0.05~0.5	0.4~0.8	0.5~0.6	0.3~0.4	0.5~0.8	0.4~0.7	3.1~7.7	1~2.5	2.0	0.3~0.42	0.3
熔点 t (℃)	225~250	235~245	178~182	250~280			300	327	260~280	204~285		288
热变形温度 t(℃) 0.46MPa	132~141	146~149	141	132	191		186~204	121~126	130	150	49~76	288
热变形温度 0.185MPa	132~138	140~145	100	174	185		175~193	120	75	90	44~88	288
抗拉屈服强度 σ_t (MPa)	72	84	32	82.5	>103	98.3	87	14~25	32~40	46~49.2	13~59（断裂）	18.3
拉伸弹性模量 E_t (MPa)	2.3×10³	6.5×10³	1.1×10³	2.5×10³	3.0×10³		2.5×10³	0.4×10³	1.1~1.3×10³	0.84~10³	0.46~2.8×10³	70.3
抗弯强度 σ_f (MPa)	113	134	49	104	>180	154	140	11~14	55~70		14~110	
冲击韧度 无缺口 α_n (kJ·m⁻²)	不断	57.8	不断	202	46	102	100	不断		160		
冲击韧度 缺口 α_k (kJ·m⁻²)	55.8~90	10.7	10.7	15	10.1	17	13.5	16.4	13~17	20.3	0.86~11.7	
硬度 HB	11.4M75	13.5	4.2 R100	12.7 M69、M120	14	14R110	13.3 R118~123	R58 部 D50~65	9~13 部 D74~78	部 D80	R35~125	50（肖氏D）
体积电阻系数 ρ_v (Ω·cm)	3.06×10¹⁷	10¹⁷	1.56×10¹⁶	9.46×10¹⁶	>10¹⁶	1.1×10¹⁷	2.0×10¹⁷	>10¹⁸	>10¹⁷	2×10¹⁴	10¹⁰~10¹⁴	8×10¹⁴
击穿强度 E (Kv·cm⁻¹)	17~22	22	16.4~20.2	16.1	20	29.7	16~20.5	25~40	19.7	10.2	11.8~23.6	28.5

注：同一品种的塑料，因生产厂家、生产日期和批量不同，技术指标会有差异，应以具体产品的检验说明书为准。

附录C 常用热固性塑料模塑成型工艺参数

塑料型号	预热条件		成型温度 t/℃	成型压力 p/MPa	保持时间 t/min·mm^{-1}	说明
	温度 t/℃	时间 τ/min				
R128、R131、R133、R135、R138			160～175	>25	0.8～1.0	
D131、D133、D141、D144、D151	100～140	根据塑件大小和要求选定	155～165	>25	0.6～1.0	
D138	100～140		160～180	>25	0.6～1.0	
U1601	140～160	4～8	155～165	>25	1.0～1.5	
U2101、U8101、U2301	150～160	5～10	165～180	>30	2.0～2.5	
P2301、P3301 P2701、P7301	150～160	5～10	160～170	>40	2.0～2.5	
Y2301	120～160	5～30	160～180	>30	2.0～2.5	1. 有机硅塑料（4250）成型后需高温热处理固化; 2. 硅酮塑料（KH-612）的固化剂为碱式碳酸钙、苯甲酸、二次固化条件为220℃,2h; 3. 传递膜塑成型压力;酚醛塑料50～80MPa 纤维填料的塑料取 80～120MPa，环氧、硅酮等低压封装用塑料取 2～10MPa。模具温度一般取 130～190℃
A1501	140～160	4～8	150～160	>25	1.0～1.5	
S5802	100～130	4～8	145～160	>25	1.0～1.5	
H161	120～130	4～8	155～165	>25	1.0～1.5	
E431			155～165	>25	1.0～1.5	
E631	130～150	6～8	155～165	25～35	1.0～1.5	
E731	120～150	4～10	150～155	>30	1.0～1.5	
J1503	125～135	4～8	165～175	>25	1.0～1.5	
J8603	135～145	5～10	160～175	>25	1.5～2.0	
M441 M4602 M5802	120～140	4～6	150～160	25～35	1.0～1.5	
T171,T661			155～165	25～35	1.0～1.5	
H161-Z			料筒前 80～95 料筒后 40～60 模具内 170～190	80～160	0.3～0.5	
H1601-Z			料筒前 80～95 料筒后 40～60 模具内 180～200	80～160	0.5～0.7	
D151-Z			料筒前 80～95 料筒后 40～60 模具内 170～190		0.3～0.5	

塑料型号	预热条件		成型温度 t/℃	成型压力 p/MPa	保持时间 t/min·mm⁻¹	说明
	温度 t/℃	时间 τ/min				
MP-1	115～125	10～15	135～145	>40	2.0	
塑 33-3	100～120	6～10	160～175	>35	2.0～2.5	
塑 33-5	115～125	6～8	150～165	>35	2.0～2.5	
A1（粉）			薄壁塑件 140～150		薄壁塑件 0.5～1.0	
A1（粒）			一般塑件 135～145	25～35	一般塑件 1.0	
A2			大型厚件 125～135		大型厚件 1.0～2.0	
4250	115～120	5～7	165～175	35～45	2.0～3.0	
KH-612	配制工艺		160～180	1～10	2.0～5.0	
	90～100	混炼 25～40				
D100（长玻纤增强）			130～160	20～30	1.0～2.0	
D200（短玻纤增强）			130～160	20～30	1.0～2.0	

注：表中苯酚塑料粉型号按 GB 1403—78；脲甲醛塑料粉型号按 HG2-887-76。

附录D 常用热固性塑料的主要技术指标

塑料型号		R121、R126、R128、R131、R132、R133、R135、R136、R137、R138	R131 R135	D131 D133 D135	D138	D141 D144 D145	D151	D141	U1601 U1501
颜色		黑、棕	红、绿	黑、棕	黑、棕	黑、棕	黑、棕	红、绿	黑、棕
密度	ρ (kg·dm⁻³)	≤1.50		≤1.50	≤1.50	≤1.45	≤1.40	≤1.50	≤1.45
比体积	v (dm³·kg⁻¹)	≤2.0		≤2.0	≤2.0	≤2.0	≤2.0	≤2.0	≤2.0
收缩率	s	0.5~1.0		0.5~1.0	0.5~1.0	0.5~1.0	0.5~1.0	0.5~1.0	0.5~1.0
吸水性	w_s (mg·cm⁻²)			≤0.8	≤0.8	≤0.8	≤0.7	≤0.8	≤0.5
拉西格流动性	l (mm)	100~190		80~180	100~180	80~180	80~180	80~180	100~200
马丁耐热性	t (℃)			≥120	≥120	≥120	≥120	≥120	≥115
冲击韧度	α (kJ·m⁻²)	≥5		≥6	≥6	≥6	≥6	≥6	≥5
抗弯强度	σ_f (MPa)	≥60		≥70	≥70	≥70	≥70	≥70	≥65
表面电阻系数	ρ_s (Ω)			≥1×10¹¹	≥1×10¹¹	≥1×10¹¹	≥1×10¹¹	≥1×10¹¹	≥5×10¹³
体积电阻系数	ρ_v (Ω·cm)			≥1×10¹⁰	≥1×10¹⁰	≥1×10¹⁰	≥1×10¹⁰	≥1×10¹¹	≥5×10¹²
击穿强度	E (kV·cm⁻¹)			≥12	≥12	≥12	≥12	≥10	≥13

塑料型号		U165	U2101 U2301	U2301	P2301	P3301	P7301	P2701	Y2304
颜色		黑、棕	本	本	本、褐	本	本、黑	本、黑	本
密度	ρ (kg·dm⁻³)	≤1.4	≤2.0	≤2.0	≤1.9	≤1.85	≤1.95	≤1.6	≤1.9
比体积	v (dm³·kg⁻¹)	≤2.8							
收缩率	s	0.5~1.0		0.4~0.9	0.3~0.7	0.2~0.5	0.3~0.7	0.5~0.9	0.4~0.7
吸水性	w_s (mg·cm⁻²)	≤0.8		≤0.25	≤0.25	≤0.25	≤0.25	≤0.25	≤0.25

塑料型号	R121、R126、R128、R131、R132、R133、R135、R136、R137、R138	R131 R135	D131 D133 D135	D138	D141 D144 D145	D151	D141	U1601 U1501
拉西格流动性 l（mm）	80～180	80～100	80～180	80～180	80～180	80～180	80～180	100～200
马丁耐热性 t（℃）	≥110	≥130	≥140	≥140	≥140	≥150	≥140	≥125
冲击韧度 α（kJ·m⁻²）	≥5	≥3	≥3	≥6	≥2	≥3	≥4	≥6
抗弯强度 σ_f（MPa）	≥65			≥80	≥40	≥50	≥55	≥90
表面电阻系数 ρ_s（Ω）	≥5×10¹³	≥1×10¹³	≥1×10¹³	≥5×10¹³	≥5×10¹³	≥1×10¹⁴	≥1×10¹³	≥1×10¹⁴
体积电阻系数 ρ_v（Ω·cm）	≥5×10¹²	≥1×10¹³	≥1×10¹³	≥1×10¹³	≥1×10¹³	≥1×10¹⁴	≥1×10¹³	≥1×10¹⁴
击穿强度 E（kV·cm⁻¹）	≥13	≥12	≥13	≥12	≥12	≥12	≥12	≥16

塑料型号	A1501	S5802	H161	E631 E431	E731	J1503	J8603	M441
颜色	黑、棕	黑、棕	黑、棕红、绿	黑、棕	黑	黑、褐	黑	黑
密度 ρ（kg·dm⁻³）	≤1.45	≤1.60	≤1.50	≤1.70	≤1.80	≤1.45	≤1.60	≤1.80
比体积 v（dm³·kg⁻¹）	≤2.0		≤2.0	≤2.0		≤2.0		
收缩率 s	0.5～1.0	0.4～0.8	0.5～0.9	0.2～0.6		0.5～1.0	0.5～0.9	
吸水性 w_s（mg·cm⁻²）	≤0.8	≤0.3	≤0.4	≤0.5	≤0.2	≤0.8	≤0.3	≤0.2
拉西格流动性 l（mm）	80～180	100～200	100～190	80～180	≥160	100～200	100～190	100～180
马丁耐热性 t（℃）	≥120	≥120	≥125	≥140	≥140	≥125	≥125	≥150
冲击韧度 a（kJ·m⁻²）	≥5.5	≥6	≥6	≥4.5	≥2.5	≥8	≥8	≥4
抗弯强度 σ_f（MPa）	≥65	≥65	≥70	≥60		≥60	≥60	≥70
表面电阻系数 ρ_s（Ω）	≥1×10¹³	≥1×10¹²	≥1×10¹²	≥1×10¹¹	≥1×10¹¹	≥1×10¹²	≥1×10¹²	
体积电阻系数 ρ_v（Ω·cm）	≥5×10¹²	≥1×10¹¹	≥1×10¹¹	≥1×10¹⁰	≥1×10¹⁰	≥1×10¹¹	≥1×10¹¹	
击穿强度 E（kV·cm⁻¹）	≥13	≥13	≥13	≥12	≥12	≥12	≥13	

塑料型号	M4602	M5802	H161-Z	H1601-Z	D151-Z	T171	T661	塑33-3	塑33-5
颜色	本	黑	黑	黑、棕	黑	黑、绿	本	蓝灰	蓝灰
密度 ρ（kg·dm⁻³）	≤1.90	≤1.50	≤1.45	≤1.45	≤1.45	≤1.45	≤1.65	≤1.80	≤2.10
比体积 v（dm³·kg⁻¹）			≤2.0	≤2.0	≤2.0			≤2.0	
收缩率 s		0.4～0.8	0.6～1.0	0.6～1.0	0.6～1.0	0.6～1.0	0.5～0.9	0.4～0.8	0.2～0.6
吸水性 w_s（mg·cm⁻²）	≤0.50	≤0.30	≤0.40	≤0.40	≤0.70	≤0.50	≤0.40	≤1.00	≤0.80
拉西格流动性 l（mm）	80～200	100～200	>200余料 0.1～0.5克		>200余料 0.1～0.5克	≥140	120～200	120～200	120～190

续表

塑料型号		R121、R126、R128、R131、R132、R133、R135、R136、R137、R138	R131 R135	D131 D133 D135	D138	D141 D144 D145	D151	D141	U1601	U1501
马丁耐热性	t（℃）		≥110	≥125	≥125	≥120	≥120	≥125	≥140	≥150
冲击韧度	α（kJ·m⁻²）	≥3.5	≥5	≥6	≥6	≥6	≥6	≥6	≥4.5	≥2.5
抗弯强度	σ_f（MPa）		≥55	≥70	≥70	≥70	≥70	≥70	≥70	≥50
表面电阻系数	ρ_s（Ω）			≥1×10¹²	≥1×10¹²	≥1×10¹¹			≥1×10¹²	≥1×10¹²
体积电阻系数	ρ_v（Ω·cm）			≥1×10¹¹	≥1×10¹¹	≥1×10¹⁰			≥1×10¹²	≥1×10¹¹
击穿强度	E（kV·cm⁻¹）			≥13	≥13	≥12			≥12	≥12

塑料型号	M4602	M5802	H161-Z	H1601-Z	D151-Z	T171	T661	塑33-3	塑33-5
颜色	本	黑	黑	黑、棕	黑	黑、绿	本	蓝灰	蓝灰

塑料型号		MP-1	A1（脲甲醛塑料）		A2（半透明脲甲醛塑料）	聚邻苯二甲酸二丙烯酯（DAP）		4250（有机硅塑料粉）	KH-612（硅酮塑料）
			粉	粒		D100（长玻纤增强）	D200（短玻纤增强）		
颜色		黑、棕	黑、棕	黑、棕红、绿	黑、棕	黑	黑、褐	黑	黑
密度	ρ（kg·dm⁻³）	≤2.00	≤1.50	≤1.50	≤1.50	≤1.70	≤1.70	1.75~1.95	2.03
比体积	v（dm³·kg⁻¹）		≤3.0	≤2.0	≤3.0				
收缩率	s	0.1~0.4	0.4~0.8	0.4~0.8	0.4~0.8	0.1~0.3	0.4~0.8	≤0.5	0.76（成型后）
吸水性	w_s（mg·cm⁻²）	≤0.40	0.50	≤0.50					
拉西格流动性	l（mm）		140~200	140~200	140~200	好	好	100~160	30
马丁耐热性	（℃）	≥180	≥100	≥100	≥90		130~190		
冲击韧度	α（kJ·m⁻²）	≥15	≥8	≥7	≥7	≥35	≥20		
抗弯强度	σ_f（MPa）	≥80	≥90	≥90	≥90	>80	70~100		
表面电阻系数	ρ_s（Ω）	≥1×10¹¹	≥1×10¹¹	≥1×10¹¹		≥1.5×10¹²	≥1.2×10¹⁶		
体积电阻系数	ρ_v（Ω·cm）	≥1×10¹⁰	≥1×10¹¹	≥1×10¹¹		≥3.87×10¹⁵	≥5.5×10¹⁵		
击穿强度	E（kV·cm⁻¹）	≥11	≥10	≥10		13	15		

注：1. 同一型号的塑料，因生产厂家、生产日期和批量不同，技术指标会略有差异，应以具体产品的检验说明书为准。

　　2. 表中苯酚塑料粉型号按 GB 1403—78；脲甲醛塑料型号按 HG2-887-78。

附录 E 塑料制品尺寸公差数值表 (GB/T 14486—1993)

公差等级	公差种类	基本尺寸/mm												
		大于0 到3	3 到6	6 到10	10 到14	14 到18	18 到24	24 到30	30 到40	40 到50	50 到65	65 到80	80 到100	100 到120
		标注的尺寸公差值/mm												
MT1	A	0.07	0.08	0.09	0.10	0.11	0.12	0.14	0.16	0.18	0.20	0.23	0.26	0.29
	B	0.14	0.16	0.18	0.20	0.21	0.22	0.24	0.26	0.28	0.30	0.33	0.36	0.39
MT2	A	0.10	0.12	0.14	0.16	0.18	0.20	0.22	0.24	0.26	0.30	0.34	0.38	0.42
	B	0.20	0.22	0.24	0.26	0.28	0.30	0.32	0.34	0.36	0.40	0.44	0.48	0.52
MT3	A	0.12	0.14	0.16	0.18	0.20	0.24	0.28	0.32	0.36	0.40	0.46	0.52	0.58
	B	0.32	0.34	0.36	0.38	0.40	0.44	0.48	0.52	0.56	0.60	0.66	0.72	0.78
MT4	A	0.16	0.18	0.20	0.24	0.28	0.32	0.36	0.42	0.48	0.56	0.64	0.72	0.82
	B	0.36	0.38	0.40	0.44	0.48	0.52	0.56	0.62	0.68	0.76	0.84	0.92	1.02
MT5	A	0.20	0.24	0.28	0.32	0.38	0.44	0.50	0.56	0.64	0.74	0.86	1.00	1.14
	B	0.40	0.44	0.48	0.52	0.58	0.64	0.70	0.76	0.84	0.94	1.06	1.20	1.34
MT6	A	0.26	0.32	0.38	0.48	0.54	0.62	0.70	0.80	0.94	1.10	1.28	1.48	1.72
	B	0.46	0.52	0.58	0.68	0.74	0.82	0.90	1.00	1.14	1.30	1.48	1.68	1.92
MT7	A	0.38	0.48	0.58	0.68	0.78	0.88	1.00	1.14	1.32	1.54	1.80	2.10	2.40
	B	0.58	0.68	0.78	0.88	0.98	1.08	1.20	1.34	1.52	1.74	2.00	2.30	2.60
		未注公差的尺寸允许偏差/mm												
MT5	A	± 0.10	± 0.12	± 0.14	± 0.16	± 0.19	± 0.22	± 0.25	± 0.28	± 0.32	± 0.37	± 0.43	± 0.50	± 0.57
	B	± 0.20	± 0.22	± 0.24	± 0.26	± 0.29	± 0.32	± 0.35	± 0.38	± 0.42	± 0.47	± 0.53	± 0.60	± 0.67
MT6	A	± 0.13	± 0.16	± 0.19	± 0.23	± 0.27	± 0.31	± 0.35	± 0.40	± 0.47	± 0.55	± 0.64	± 0.74	± 0.86
	B	± 0.23	± 0.26	± 0.29	± 0.33	± 0.37	± 0.41	± 0.45	± 0.50	± 0.57	± 0.65	± 0.74	± 0.84	± 0.96
MT7	A	± 0.19	± 0.24	± 0.29	± 0.34	± 0.39	± 0.44	± 0.50	± 0.57	± 0.66	± 0.77	± 0.90	± 1.05	± 1.20
	B	± 0.29	± 0.34	± 0.39	± 0.44	± 0.49	± 0.54	± 0.60	± 0.67	± 0.76	± 0.87	± 1.00	± 1.15	± 1.30

续表

公差等级	公差种类	基本尺寸/mm											
		120	140	160	180	200	225	250	280	315	355	400	450
		140	160	180	200	225	250	280	315	355	400	450	500
标注的尺寸公差值/mm													
MT1	A	0.32	0.36	0.40	0.44	0.48	0.52	0.56	0.60	0.64	0.70	0.78	0.86
	B	0.42	0.46	0.50	0.54	0.58	0.62	0.66	0.70	0.74	0.80	0.88	0.969
MT2	A	0.46	0.50	0.54	0.60	0.66	0.72	0.76	0.84	0.92	1.00	1.10	1.20
	B	0.56	0.60	0.64	0.70	0.76	0.82	0.86	0.94	1.02	1.10	1.20	1.30
MT3	A	0.64	0.70	0.78	0.86	0.92	1.00	1.10	1.20	1.30	1.44	1.60	1.74
	B	0.84	0.90	0.98	1.06	1.12	1.20	1.30	1.40	1.50	1.64	1.80	1.94
MT4	A	0.92	1.02	1.12	1.24	1.36	1.48	1.62	1.80	2.00	2.20	2.40	2.60
	B	1.12	1.22	1.32	1.44	1.56	1.68	1.82	2.00	2.20	2.40	2.60	2.80
MT5	A	1.28	1.44	1.60	1.76	1.92	2.10	2.30	2.50	2.80	3.10	3.50	3.90
	B	1.48	1.64	1.80	1.96	2.12	2.30	2.50	2.70	3.00	3.30	3.70	4.10
MT6	A	2.00	2.20	2.40	2.60	2.90	3.20	3.50	3.80	4.30	4.70	5.30	6.00
	B	2.20	2.40	2.60	2.80	3.10	3.40	3.70	4.00	4.50	4.90	5.50	6.20
MT7	A	2.70	3.00	3.30	3.70	4.10	4.50	4.90	5.40	6.00	6.70	7.40	8.20
	B	3.10	3.20	3.50	3.90	4.30	4.70	5.10	5.60	6.20	6.90	7.60	8.40
未注公差的尺寸允许偏差/mm													
MT5	A	$\frac{Y}{0.64}$	$\frac{Y}{0.72}$	$\frac{Y}{0.80}$	$\frac{Y}{0.88}$	$\frac{Y}{0.96}$	$\frac{Y}{1.05}$	$\frac{Y}{1.15}$	$\frac{Y}{1.25}$	$\frac{Y}{1.40}$	$\frac{Y}{1.55}$	$\frac{Y}{1.75}$	$\frac{Y}{1.95}$
	B	$\frac{Y}{0.74}$	$\frac{Y}{0.82}$	$\frac{Y}{0.90}$	$\frac{Y}{0.98}$	$\frac{Y}{1.06}$	$\frac{Y}{1.15}$	$\frac{Y}{1.25}$	$\frac{Y}{1.35}$	$\frac{Y}{1.50}$	$\frac{Y}{1.65}$	$\frac{Y}{1.85}$	$\frac{Y}{2.05}$
MT6	A	$\frac{Y}{1.00}$	$\frac{Y}{1.10}$	$\frac{Y}{1.20}$	$\frac{Y}{1.30}$	$\frac{Y}{1.45}$	$\frac{Y}{1.60}$	$\frac{Y}{1.75}$	$\frac{Y}{1.90}$	$\frac{Y}{2.15}$	$\frac{Y}{2.35}$	$\frac{Y}{2.65}$	$\frac{Y}{3.00}$
	B	$\frac{Y}{1.10}$	$\frac{Y}{1.20}$	$\frac{Y}{1.30}$	$\frac{Y}{1.40}$	$\frac{Y}{1.55}$	$\frac{Y}{1.70}$	$\frac{Y}{1.85}$	$\frac{Y}{2.00}$	$\frac{Y}{2.25}$	$\frac{Y}{2.45}$	$\frac{Y}{2.75}$	$\frac{Y}{3.10}$
MT7	A	$\frac{Y}{1.35}$	$\frac{Y}{1.50}$	$\frac{Y}{1.65}$	$\frac{Y}{1.85}$	$\frac{Y}{2.05}$	$\frac{Y}{2.25}$	$\frac{Y}{2.45}$	$\frac{Y}{2.70}$	$\frac{Y}{3.00}$	$\frac{Y}{3.35}$	$\frac{Y}{3.70}$	$\frac{Y}{4.10}$
	B	$\frac{Y}{1.45}$	$\frac{Y}{1.60}$	$\frac{Y}{1.75}$	$\frac{Y}{1.95}$	$\frac{Y}{2.15}$	$\frac{Y}{2.35}$	$\frac{Y}{2.55}$	$\frac{Y}{2.80}$	$\frac{Y}{3.10}$	$\frac{Y}{3.45}$	$\frac{Y}{3.80}$	$\frac{Y}{4.20}$

参 考 文 献

[1]　冯炳尧等. 模具设计与制造简明手册. 上海：上海科学技术出版社，2001.

[2]　成都科技大学，北京化工学院，天津轻工业学院. 塑料成型模具. 北京：中国轻工业出版社，1992.

[3]　付宏生，刘京华. 注塑制品与注塑模具设计. 北京：化学工业出版社，2003.

[4]　卜建新. 塑料模具设计. 北京：中国轻工业出版社，2004.

[5]　翁其金. 塑料模塑工艺与塑料模设计. 北京：机械工业出版社，1999.

[6]　《塑料模设计手册》编写组. 塑料模设计手册. 北京：机械工业出版社，2002.

[7]　屈华昌. 塑料成型工艺与模具设计. 北京：机械工业出版社，1996.

[8]　陈志刚. 塑料模具设计. 北京：机械工业出版社，2002.

[9]　申开智等. 塑料模具设计. 北京：机械工业出版社，2002.

[10]　李秦蕊. 塑料模具设计. 西安：西北工业大学出版社，2002.

[11]　曹宏深等. 塑料成型模具. 北京：中国轻工业出版社，1982.

[12]　邓万国. 模具 CAD/CAM. 北京：中国劳动社会保障出版社，2005.

[13]　模具实用技术丛书编委员会. 模具制造工艺装备及应用. 北京：机械工业出版社，1999.

[14]　马金骏. 塑料挤出成型模具设计. 北京：中国轻工业出版社，1993.

[15]　[加]H. 瑞斯. 模具工程. 北京：化学工业出版社，1998.

[16]　邓万国等. 热固性塑料手柄注射模设计. 模具制造. 2005，5：39～41.

[17]　邓万国等. 透明塑料盒盖注射模设计. 模具工业. 2005，11：37～39.

[18]　邓万国. "香蕉型"潜伏式浇口在注塑模中的应用. 模具技术. 2005，5：21～23.

[19]　汪立胜. 注塑模中水路机构的设计. 模具制造. 2005，8：37～39.

[20]　邓文灿. 塑料手柄注射模设计. 模具工程. 2005，7：56～58.

[21]　邓万国. 电器盒面盖注塑模设计. 模具技术. 2005，6：21～24.